高校学术文库
人文社科研究论著丛刊

大学生健康人格的塑造研究

赵林萍 著

中国书籍出版社
China Book Press

图书在版编目(CIP)数据

大学生健康人格的塑造研究/赵林萍著. —北京：
中国书籍出版社，2016.6
ISBN 978-7-5068-5660-7

Ⅰ. ①大… Ⅱ. ①赵… Ⅲ. ①大学生－人格心理学－
研究 Ⅳ. ①B844.2

中国版本图书馆 CIP 数据核字(2016)第 152284 号

大学生健康人格的塑造研究

赵林萍 著

丛书策划	谭　鹏　武　斌
责任编辑	张桂蕾　牛　超
责任印制	孙马飞　马　芝
封面设计	马静静
出版发行	中国书籍出版社
地　　址	北京市丰台区三路居路 97 号(邮编：100073)
电　　话	(010)52257143(总编室)　(010)52257140(发行部)
电子邮箱	chinabp@vip.sina.com
经　　销	全国新华书店
印　　刷	三河市铭浩彩色印装有限公司
开　　本	787 毫米×1092 毫米　1/16
印　　张	16
字　　数	207 千字
版　　次	2017 年 7 月第 1 版　2017 年 7 月第 1 次印刷
书　　号	ISBN 978-7-5068-5660-7
定　　价	52.00 元

前 言

人格对一个人的发展与成就具有十分重要的影响。一个具有健康人格的人往往更容易走向成功。因此,健康人格的塑造对每一个人来说都非常重要。大学生是社会发展的重要后备力量。他们能否具有健康的人格在很大程度上决定着他们能否真正走上正确的成长道路。然而,在当今变革频繁、观念多元化的社会中,大学生的人格发展陷入了较大的困境。大学生出现人格缺陷或是轻度人格障碍的现象越来越多。而人格缺陷和人格障碍会严重影响大学生的心理健康,甚至会引发某些疾病,对社会造成极大的危害。因此,大学生健康人格的塑造极为重要,已经成为一种时代的呼唤。从学术界来看,对大学生健康人格的塑造进行研究,不仅是高校心理学工作者的重要职责,也是人格心理学学科发展必须探讨的重要课题。近些年来,随着心理学研究越来越流行,很多学者在这一方面都做出了一定的努力。但是,从总体上而言,我国在人格塑造方面的研究还是相当薄弱的。在这种情况下,为了在大学生人格塑造的研究上贡献自己的一分力量,为了给大学生教育者提供有效的指导建议,为了增强大学生健康人格塑造的自觉性,提高他们对自我的认识和对人生的把握,笔者专门撰写了《大学生健康人格的塑造研究》一书。

本书内容共分为九章。第一章是绪论部分,主要对当代大学生的人格取向、人格发展所面临的现实及健康人格的必然选择进行了分析;第二章专门阐释了人格的内涵与基本特征;第三章总结和分析了主要的人格理论流派及相应的观点;第四章研究了人格的发展与成因;第五章从不同的方面探讨了大学生健康人格;

第六章分析与研究了大学生健康人格教育现状及对策；第七章对大学生健康人格塑造的定位与机制进行了研究；第八章对大学生健康人格塑造的方法与评估进行了研究；第九章则专门探讨了大学生学习与人际交往中健康人格的培养。

本书是笔者在参阅了大量有关人格方面的书籍的基础上，结合多年的心理学研究经验撰写而成的。本书主要突出以下几个方面的特点。

第一，科学性。本书综合了认知心理学、人格心理学、社会心理学、教育心理学等大量相关学科的重要研究成果，具有较为有力的理论依据。同时，本书还注重以科学的理性思维对人格及大学生健康人格进行审视与探讨。

第二，理论与实践的结合。本书在积极吸收各种人格及健康人格理论的同时，还非常注重结合当今大学生人格发展与人格教育的现状，从可操作的角度给出一些实践方面的指导与建议，使得本书更有针对性、实用性。

第三，学术性和可读性的统一。本书学术性较强，能够成为相关学者研究大学生人格理论与塑造的重要参考资料。同时，本书又具有较强的可读性，其注重将一些深奥、抽象的理论尽量写得通俗易懂，以成为大学生、教育者和其他读者的重要读物。

在撰写本书的过程中，笔者参考了大量有关人格、大学生心理健康方面的文献，还对其中一些进行了引用，在这里表示衷心的感谢！由于时间有限，加之其他方面的一些原因，本书难免存在一些疏漏与不妥之处，还请广大读者不吝赐教，以便日后进行更好的完善。

作　者

2016 年 5 月

目　录

第一章　绪　　论

作为国家的未来、民族的希望，当代大学生的人格塑造不但必要而且非常重要。塑造大学生健康人格，使他们懂得进入社会后不但可以享受社会成员该有的社会权利，还要承担相应的社会义务，学会生活，学会做人。本章就当代大学生的人格取向、人格发展面临的现实展开分析，以阐明大学生必须塑造健康人格。

第一节　当代大学生的人格取向研究

从某种意义上讲，当代大学生人格取向表征着时代人格发展的方向。大学生是新时代青年的集中代表，代表着民族的未来和祖国的希望。要构建和谐社会，就必须从促进人的类存在关系各个方面的和谐去探析和提出大学生人格取向，从而更好地构建大学生良好人格范型，以应用于大学生人格培育研究与实践。以下就从人格的四大关系特质、当代大学生人格该具有的道德生命态度，以及总体要求展开分析，研究当代大学生的人格取向。

一、人格的四大关系特质

人的道德生命活动存在于各种类关系中，如人与他人、人与社会、人与自然、人与自我，而人格就是这些类关系特质统合而成的。因此，不能单单就个体生命本身去寻找人格取向，而应该从个体生命中的全部类关系中去寻找。

(一)人与自我的类关系特质

人与自我的类关系特质,即个人在与自我的存在关系中所具有的心理和行为倾向性特质。这种特质最典型的也是最古老的问题就是“我是谁,我从哪里来,我到哪里去”。当人类发出并追问这一个问题时,也就代表人类开始有了自我意识,人格意识开始苏醒并被唤起。因此,人与自我的关系问题,首先涉及的是一个人格从无到有的获得问题。因为自我是人格的内在核心,人格意识以自我意识为前提。而自我意识是由自我认知、自我情感和自我意向三者组成的一个多重的心理结构,它们各自解决不同的问题,具体如图 1-1 所示。

自我认知 →	使个体能认识到自身具有一种复杂且矛盾的“我性”结构,如肉体我与精神我、自然我与道德我、存在我与本质我、现实我与理想我等
自我情感 →	使个体能体验到人由自然生物存在向精神道德存在提升所带来的那种生命愉悦和生命美感
自我意向 →	使个体能产生善待自己、使自己成为人的生命意志和思想、行为特质,积极地实现对自身自然生命的超越

图 1-1

人与自我的关系还涉及健全人格的培育问题。要真正成为人,必须正确处理人格“我性”结构中的各种矛盾,合理地实现自我生命的超越。这些矛盾即西方人说的“人一半是天使,一半是恶魔”,中国古人说的人的生物性——“身”和人的精神性——“心”。而在亚里士多德看来,人格的“我性”结构远远没有那么简单,不应该只是身心的二元对立,人有物性、人性,还有神性,即表现为一种“物—人—神”三位一体的结构,三者是辩证统一的。物性和神性可统称为“它我性”,而人性则属于“自我性”。

物性是人类天生的，与生俱来的，但人类又要千方百计地超越物性，摆脱物性；而神性则是人创造出来的，可望不可即，人类总是渴望享有它，实现它，但是人永远无法达到，不可能成为神，只能成为人。和谐的自我生命观，应该是通过“自我性”对个体内部身心之间的矛盾冲突、灵肉之间的矛盾冲突进行协调，以使人格完整、健全。

（二）人与他人的类关系特质

人与他人的类关系特质，即个人在与他人的存在关系中所具有的心理和行为倾向性特质。奥地利哲学家马丁·布伯曾用“我—它”与“我—你”的命题阐述了个人与他人的关系问题。布伯认为，人生与世界具有两重性：第一，世界（包括人在内）为“我”所用，除了“我”之外的东西（他人他物）都是利用对象，都是工具，这种关系称为“我—它”；第二，世界和“我”相遇，“我”和除了“我”之外的东西——“你”（他人他物）都是相对独立的自由的主体，这种关系称为“我—你”。在布伯看来，如果“我”只是把“你”当作手段，那么，“我”是不可能与“你”“相遇”的。因此，布伯认为，人生的最高意义并不是人己分立、物我隔离，而是能否领悟到人我的一体关系。当然，布伯也并不否认“我—它”的存在意义，他也意识到，人是不能离开“我—它”而生活的，人必须要依靠、使用他人他物才能生存下来。但是，布伯也强调，人应该“仁慈”地对待、关心他人他物，不应物我隔离、人己分立。由此，人通过“你”而成为“我”，而个体也在与他人的交往中呈现、发展、完善自我的人格。

（三）人与社会的类关系特质

人与社会的类关系特质，即个人在与社会的存在关系中所具有的心理和行为倾向性特质。

社会是人类生活的共同体，而从某种意义上讲，社会又相当于“祖国”“民族”，人对祖国、民族都有等同于社会的认同感、归属感。因此个人与社会的关系也可以说成是个人与祖国、民族的关系。

从根本上说,人与社会关系问题的实质是个人优先还是社会优先的问题。西方社会哲学在本体论、方法论与价值观上都讨论过这个问题。在本体论上,关于对社会的看法有两种截然不同的论点,即社会唯实论与社会唯名论。前者认为个体是微不足道的,社会才是真实有意义的,与个人相比,社会处于优先地位;后者则着眼于个体人的存在,认为个体才是实在的,而社会只不过是一个空洞的形式,不是实在的,是抽象的,如国家、政党、宗教等。由于本体论上的这种分歧,造成了在方法论上的整体主义与个体主义的分裂,其相对应的是价值观上的集体主义与个人主义的分离。显然,个体通常要在个人利益与社会利益、集体利益之间做出选择,由此也就形成了个体在人与社会关系问题上所具有的心理和行为倾向性特质。

(四)人与自然的类关系特质

人与自然的类关系特质,即个人在与自然的存在关系中所具有的心理和行为倾向性特质。

人的生命依赖于自然,但自然界不会自动满足人,因此人要改造自然。由此,便形成了人与自然对立统一的关系。当然,人不可能以单一个体的形式去直接面对自然,而是以结成社会的方式来同自然发生关系。因此,人与自然的关系,一开始就表现为社会与自然的关系。社会发展的一定历史阶段决定了个人与自然的关系。大致说来,在前现代社会,人受自然支配,由此形成了个体对于自然的依附人格;在现代社会,人疯狂征服、掠夺自然,形成了个体对于自然的统治心理。前面提到的生态人格体现了现代人对人与自然关系问题的清醒认识,看到了人与自然的类统一关系。

大学生人格取向也要受到以上人格四大类关系特质的影响。因此,把握大学生的人格取向,就应当从人与自我的类关系特质、人与他人的类关系特质、人与社会的类关系特质、人与自然的类关系特质中做出深刻分析和正确判断。

二、我国当代大学生人格应该具有的道德生命态度

上述关于人格的四大关系特质的考察，是从存在论角度进行的考察，以说明人格是一种类关系性的价值存在、道德存在，当个体与自我、他人、社会、自然“相遇”时必须要做出选择，由此便产生了人格的道德生命态度问题（这里所说的“道德”仍然是前面说的“大道德”）。以下就从价值论角度分析当代大学生人格应该具有的道德生命态度问题。

（一）善待自己

善待自己，即道德地对待自己，使自己的生命活得有意义，实现自我价值。人总是在追求生活的意义，对意义的关注构成人存在的必然性，这种必然性来自于人所特有的自我意识。

生命赋予每一个人的责任就是要有意义地生活，美好地、幸福地生活。由于这种责任，每一个人作为道德主体和道德课题，都要自己对自己负责。在此当中，两个方面的道德关系起着约束、规范作用，即个体与自我肉体生命、自我精神生命。二者要求每一个人都要“贵生”“成人”。“贵生”即生命是最宝贵的，是最有价值的，没有什么东西比生命更宝贵了。“成人”即个体的自我超越，不单只有自然生物存在的意义，而应该是在此基础上转向精神价值存在的意义，从而成为一个具有完整、健全人格的人。人格是人的价值生命的承担者，“人格承担价值生命的方式就是人自觉意识到获得自然生命并非就成其为人，而只有获得人的价值生命才成其为人。”[①]也就是说，“成人”必须要以“贵生”为基础和条件，“贵生”的目的和归宿是“成人”。个体要成为完善的人，不但要“贵生”，而且要加强自我人格修养，也就是善待自己的表现。

---

① 余潇枫:《哲学人格》,长春:吉林教育出版社 1998 年版,第 51 页。

而这也是大学生所应当具有的正确人格生命态度。

(二)关爱他人

某种特殊意义上讲,关爱他人就是关爱个体生命本身。北京大学哲学教授王海明认为,“爱是人与动物所共有的、不学而能、不经道德教化便可以出现的自然的、天赋的道德感情,是源于个人的非道德需要的道德感情”①。但是,引发爱人之心的动因不是与生俱来的,更多的是人所特有的、经过后天教化才能实现的,亦即源于人道主义的博爱原则。在人道主义看来,人本身是最高价值的,人最需要的东西是人,这是因为每个人的一切利益,都是经社会的中介由他人给予的。因此不言而喻,对于任何人,不论其性质好坏,都应因其是人而关爱他、善待他。然而,关爱他人的人道主义博爱原则并不仅限于“把人当人看”,更要求把人作为人来培育,使人成为人,最终实现每个人自由而全面地发展。

(三)与自然同呼吸

人类是大自然孕育的产物,大自然是人类的母亲。人理所应当要与大自然共呼吸、同命运,更要懂得报答自然的养育之恩。但是,人们曾经扮演着自然的统治者角色,毫无节制地利用、开发、掠夺、宰割自然界。后来,人们掀起了一股“回归自然”的浪漫主义思潮。1845年,美国自然主义者梭罗来到瓦尔登湖,希望在那里寻找一个“真正自然中的家”。他说,我们脚下的地球和人类一样是有活力的,也拥有精神的身体。与梭罗相隔一百年左右的詹姆斯·洛夫洛克,也就人与自然的关系问题提出了著名的地球生命体理论——盖亚理论,该理论强调地球的生命属性,声称“地球是活着的”。洛夫洛克在《盖亚时代:我们居住地球的传记》中指出:“在盖亚,人类只是另一种物种,而不是这个星球的所有者和管理者;人类的未来取决于与它的适当关系,而不是自身利益

① 王海明:《伦理学原理》,北京:北京大学出版社2005年版,第174页。

的无休止满足。”与之相似，法国学者埃德加·莫兰也指出，人类在大自然“一方面完全属于生物界、自然界和宇宙；另一方面又完全属于文化界，即语言、神话、思想、理性和信仰的世界”①。自然始终是人类文化生命扎根和萌生的土壤，人应与大自然同呼吸，要正确地认识自然、合理地开发自然，并积极呵护自然，回报自然。

（四）同社会、祖国共命运

人是生物，但又高于生物，因此人不单是自然人，更是社会人、文化人。人的前途命运既要受先天的影响，更受社会、民族历史、国家命运的影响和左右。

人生活在特定的群体里，高度社会化，受社会制度规范、道德的约束和规范。人在社会里必须要交往，过着集群的生活，在此当中积累了大量的生产、生活经验，并产生了一定的共识和认同，互相协调与合作，个体也因此获得一种社会归属感。但是，个人和社会又总是通过彼此而相互规定，二者同源、共生、互动。

在古代，社会还只是一种自然的、自发的共同体，“个人集合于社会”。到了现代，人类开始有意识地、自觉地建构集体性的组织，“个人整合于社会”。在这种整合下，出现了很多所谓的大型“集体性产品”，如社会运动、民主、自由、平等、社会组织，以及福利国家和充分就业政策等。在这类产品中，“民族”“国家”是最重要的，其经验上当然地代表了整个社会，从而使得现代社会在本质上区别于前现代社会。如今，任何一个国家都将本国公民教育的核心内容规定为爱国主义，以培养每个公民对祖国的认同感、归属感、责任感，弘扬民族传统，传承民族精神。这实质上是一种“族群归属”，分享共同的历史、情感、文化、想法、生活方式。国家认同即为归属于最大的族群，文化认同即归属于最久远的族群传统。这种归属内化于个体的知、情、意中，具体表现为国民人格。

① [法]埃德加·莫兰：《地球·祖国》，北京：生活·读书·新知三联书店 1997 年版，第 49 页。

同社会、祖国共命运要求大学生为国家兴衰存亡尽忠。

大学生人格取向也应当具有道德生命态度，体现“善待自己”“关爱他人”“与自然同呼吸”“同社会、祖国共命运”。

三、我国当代大学生人格取向的总体要求

根据前面人格四大关系特质的理解，以及当代大学生人格应该具有的道德生命态度问题的分析，结合当前大学生人格认知状况，这里对大学生人格取向作这样的总体要求：勤劳好学、自知自强；尊重别人、真诚互助；尊重自然、敬畏生命；胸怀祖国、放眼世界。

（一）勤劳好学、自知自强

相对而言，当代大学生的生活条件还是比较好的，但也因此有的大学生容易受享乐主义的影响，缺乏艰苦奋斗的精神，心浮气躁、好高骛远、盲目自信等。因此，当代大学生颇受非议。面对这样的情形，大学生一定要勤劳好学、自知自强。

在知识经济时代，大学生要提高自己的竞争力，就要提高自己的综合素质和综合能力，而这都是以学习为基础的。因此大学生要不断加强学习，提高自己的知识水平。但是，在市场经济社会转型时期，诸多诱惑因素都影响大学生的学习，如兼职、游戏、网络、恋爱等，有些甚至成为一些大学生的主要生活内容。因此，当代大学生一定要在各方面严格要求自己，勤劳好学，敢于创新，充实大学生活。在学好专业知识的同时，大学生还要积极投身于实践，在实践中培养吃苦耐劳、勤劳勇敢、艰苦奋斗的精神，增长才干，不断提高自身综合素质和解决实际问题的各种能力。

当代大学生不仅要勤劳好学，还要自知自强。客观、正确地认识自己，发挥优势，弥补不足，做好人生规划，才能更接近成功；自知才能自立，自立方能自强。自强要求为人自信、自勉，要对自己有信心，相信自己的力量，敢于创新，勇于承担责任。当代大学

生一定要不畏艰难、奋发有为、自强不息。

(二)尊重别人、真诚互助

当代大学生不但要自尊自强,还应当尊重别人、真诚互助。当代大部分青年学生是独生子女,生活环境优厚,家长溺爱,加上社会、学校一直实行的是"应试教育",使不少人更多的只关注自己,忽视别人,不够理解尊重他人,对他人的事情漠不关心,人际关系冷漠、隔阂。尊重他人,关心、关注周围的人和事,是关爱他人的前提。因此,当代大学生要学会尊重人、理解人、关心人、帮助人,处理好人际关系。在人际交往中,一个最基本的原则就是相互尊重。尊重是相互的,也是平等的,每个人的人格都是独立平等的,否则就毫无尊重可言。尊重别人,就是要尊重对方的人格。

为人处世,不但要自尊尊人,还要为人真诚。真诚即对待他人要真实诚恳:自我表现要真,不隐蔽、不虚伪;待人处事要真诚,为他人的苦乐着想,在他人为难之际伸出援助之手。热心助人、与人为善,不但是中华民族的传统美德,也是人类社会对每个成员履行角色责任最基本的要求。因此,当代大学生一定要尊重别人,真诚互助。

(三)尊重自然、敬畏生命

当代大学生自尊尊人、真诚互助的同时,也要尊重自然、敬畏生命。人类本身就是自然的产物,需要从自然那里获取生存生活的物质条件和生存环境,因此人类的生命活动和社会活动都要受制于自然环境。在早期,人类一度是自然的奴隶,后来开发自然、驾驭自然能力越来越强,以致对自然"破坏式、掠夺式地"开发利用,对自然没有最起码的尊重。直到生态危机的发生,人们开始重新认识自然,反思之际,提出要建立与自然和谐相处、和谐发展的道德关系。因此,当代大学生应该意识到在今后改造自然过程中,要学会尊重自然,敬畏生命,还要热爱自然,呵护、回报自然。

(四)胸怀祖国、放眼世界

当代大学生一定要胸怀祖国、放眼世界。一直以来,中华民族提倡热爱祖国,热爱国家,因此有“先天下之忧而忧”“位卑未敢忘国忧”“天下兴亡、匹夫有责”之说。作为当代大学生,正处在全面建设小康社会的关键时期,担负着推进社会主义现代化建设的伟大事业和实现中华民族伟大复兴的重任,更应当继续继承和发扬优良的爱国主义传统:立报国之志,成报国之才,奋发有为,做效国之行,忠心爱国。在经济全球化的今天,当代大学生更要放眼世界,自觉培养国际化意识和拓展国际化发展战略视野,为增强国家竞争力而努力学习,提高自己各方面的能力。对此,当代大学生应该要有社会责任意识、民族忧患意识、家国天下情怀,具体而言有以下几方面要求:第一,坚定政治立场,坚定地跟党走,坚持走中国特色社会主义道路。第二,要具有自觉的开放意识,面向世界,走向世界。第三,要具有开阔的国际眼界,批判地吸收各国文明文化成果,丰富自己,提高自己。第四,提高自己的综合素质,能理智地分析、辨别各种信息,能够认清当前国际形势。第五,要具有良好文明的素养,宽容、理性、务实、开放、文明、诚信。

第二节　大学生人格发展面临的严峻现实分析

关于大学生人格发展现实,尤其是不良人格表现或类型问题,国内很多人都进行了相关的分析和探讨,有的从心理健康标准来描述,有的从人格障碍类型来分析。这里主要探讨的是大学生人格发展中普遍存在的不良倾向,即人格发展缺陷。这种缺陷介于正常与人格障碍之间,一定程度上偏离正常,但又能通过心理教育和人格塑造得以解决。从相关调查分析来看,大学生人格发展面临着严峻的现实,具体表现为:“理想、信念失落,价值主体偏离,自我意识缺陷,应对挫折能力低,诚信缺失,人际关系失调,社会心态失衡，道德人格缺失”①。

一、理想、信念失落

人格的支柱为理想、信念。人格健全的基本标志之一就是有高尚的追求。这也就意味着具有为国家、为民族繁荣富强而努力奋斗的人生理想；具有为探索真理而舍身的精神和顽强意志；具有为探索真知必备的科学精神和坚定信心；具有为社会进步、为全人类解放而敢于牺牲敢于承担的奉献精神。

古代贤者孟子曾说“先立乎其大者，则其小者弗能夺也”。强调要获得成功，成为一个成功者，必须要设立远大理想，树立坚定信念。当代大学生作为社会主义事业的接班人，要树立远大的共产主义理想。但是，在目前利益多元化、理想价值观和政治价值空泛化的影响下，很多大学生不太关心政治时局和社会生活，追求享乐，奉行实用主义，这严重削弱了共产主义理想。对此，有学者②对“90后”大学生的理想信念现状进行了调查。该调查对“责任、荣誉、集体”等共122个变量的辨别力评分进行了计算。综合分析122个变量定性地发现，“90后”大学生理想信念具有自我、物质化、现实化等特征，大学生生活理想信念的主旋律为追求个人自由、幸福快乐的生活，更在乎自我的感受，以“获得一份体面的工作，回报父母”“睡好，吃好，玩好，过好”“快乐是一天，不快乐也是一天，为什么不快快乐乐呢?”等作为理想信念的准则。另外，一个公开的秘密就是，大学生入党普遍不是出于对共产主义理想的追求，而只是为了给就业、考公务员增加筹码。

由于很多大学生缺乏远大的理想和奋斗目标，所以在学习方面缺乏斗志，探索欲不强，热衷于时兴的社交网络、打游戏、看电

① 曾天德：《大学生健康人格塑造》，北京：中国社会科学出版社2008年版，第2页。

② 刘西华：《“90后”大学生理想信念现状与教育对策研究——以S大学为例》，山东大学博士论文，2013年。

影，很少有时间去学习钻研专业知识，不思进取，这些都不利于大学生的健康成长和成才。

二、价值主体偏离

价值主体指导人的行为，反映人格结构中的人生观和价值观。优良人格的形成，其精神动力来源于正确的人生观、价值观，而这本身也是健康人格的重要组成部分。当代大学生的正确人生观、价值观应当是爱国，集体主义为上，富有为人民服务的精神，乐观积极，有明确的奋斗目标，在国家、个人、集体三者利益面前能做出正确的价值判断和抉择；满足党和国家的需要而且努力学习，寻求个人的全面发展，提高自身综合素质，不忘自己的历史使命，并实际行动起来。但是，当前大学生的价值取向并不容乐观，出现了价值主体自我化、价值趋向功利化、价值目标短期化等现象。相关调查分析结果显示①，有25%～40%的学生否定集体主义取向的观点，甚至有一半的大学生赞同或在一定程度上赞同极端个人主义观点。有的学者②专门从功利主义角度专门分析了当代大学生价值观问题，认为功利主义背景与利益多元化的社会现实结合后，功利主义以多种方式如社会功利主义、高校功利主义、家庭功利主义、个人功利主义影响当代大学生价值观，具体表现为政治价值观淡漠、道德价值观困惑、职业价值观扭曲、学习价值观错位。当代大学生更注重的是自我，由此也淡化了对理想的追求，偏重个人利益，忽视集体利益：在理想与实惠的关系上，倾向实惠，很多大学生对政治不感兴趣、言必及利、追求享乐、厌恶读书；在奉献与索取的关系上，倾向索取，不赞成“无私奉献”；在奋斗与享受的关系上，倾向享受倾斜，惧怕竞争，不思进取，甘当平庸；在集体与个人的关系上，倾向个人，不少学

① 苗风：《大学生健康人格的培养与塑造》，《教育艺术》2006年第12期。

② 李婧：《功利主义对当代大学生价值观的影响及教育对策研究》，河北师范大学硕士论文，2014年。

生主体意识急剧膨胀，过分强调自我，全局观念淡漠，漠视集体利益、班级荣誉，群体意识明显不强；在纪律与自由的关系上，倾向自由主义，不少大学生纪律松懈，学习、生活自由散漫，服从意识明显偏弱。

三、自我意识缺陷

人格健康成熟的一个重要特征就是自我意识，而一个人的自我意识则主要反映在情、知、意中，其功能在于自我认识、自我体验、自我控制。在自身人格发展中，人的自我意识发挥着组织、推动的作用，影响并塑造着人格品质结构的其他成分，以及这些成分之间的相互关系，从而制约着个人的行为。在大学阶段，大学生的自我意识迅速发展，并开始从分化、矛盾走向统一，“可以清晰地意识到自己的内心活动，全面地认识自己的心理品质，正确地感知自己的社会角色，并主动地按社会要求去认识、调整和发展自己”①。但是，当代大学生自我意识缺陷现象十分严重，如过度自我接受和自我拒绝，即自我扩张并高估自身，不能容忍自身缺点；自尊心和自卑感过强，缺乏批评与自我批评，或者放大自己的缺点和不足，心虚胆怯；过分地以自我为中心，不考虑别人，总把自己的意志强加于人，还有从众心理，缺乏主见和独立意识；过分独立意识和逆反心理：我行我素，不顾社会规范；外在力量不管正确与否，只是简单拒绝和反抗。总之，就是主观偏激、固执己见、自以为是、自我调控能力较差等。

四、应对挫折能力低

挫折是一种紧张、消极的情绪状态。挫折承受力则是指个体遭到挫折时摆脱消极情绪的能力，也就是个体经得起打击或挫折

---

① 马建青：《大学生心理卫生》，杭州：浙江大学出版社 1992 年版，第 120 页。

的能力。当代大学生人格发展应该要有面对困难、挫折的勇气，敢于战胜邪恶，不怕挫折，毅力坚强。为了实现理想和信念奋斗不息，努力拼搏，面对各种挫折和冲突能够忍受下来，不怕打击，有战胜一切困难的人格品质。但是，当代大学生虽然富有理想，但也因处于逐渐走向人生成熟时期而过于憧憬未来的美好，一时无法接受可能遇到的困难和挫折，心理准备不足。而且大学生对社会还缺乏足够的了解，没有什么阅历，缺乏锻炼，因此其应对挫折的承受力较差，感情比较脆弱，经不起挫折，对于考试、感情、人际失败在心理上往往难以承受，容易灰心丧气、失望沉沦、自暴自弃。还有些大学生在面对冲突时感情冲动，缺乏该有的理智，过分放任和发泄不满。例如，近年来备受公众关注的复旦大学和清华大学投毒杀害室友案件、中国传媒大学大学生跳楼事件，与大学生人际关系紧张、学业受挫、恋爱失败等挫折引发的心理障碍等都有密切关系。这对当代大学生人格教育提出了新的课题。

五、诚信缺失

自古以来，诚信就是人的立身之本，是指引人们安身立命的最高精神准则。健康人格的重要标志和最起码的要求也是诚信。大学生接受了高等教育，应该具有良好的诚信品质。从当前来看，大学生的诚信状况整体上是好的、积极的。但是，我国的经济体制正处于转型时期，利益多元化，人际关系、人事关系错综复杂，导致出现了严重的诚信传统匮乏现象，信用机制建设滞后，受之影响，当代大学生的诚信也出现了缺失，这具体表现为以下几点。

第一，学习方面的诚信缺失，如考试作弊严重，学术造假成风。有学者[①]对大学生的诚实现状进行了调查，就学业方面的诚

① 王越：《当代大学生诚信缺失问题及其对策研究》，中国矿业大学硕士论文，2014年。

信问题得到了图 1-2(大学生抄袭他人作业存在状态的调查统计)、图 1-3(大学生考试请“枪手”或者充当“枪手”存在状态的调查统计)、图 1-4(大学生考试作弊存在状态的调查统计)的数据。数据结果表明,多数大学生做作业时能够做到遵守诚信要求,但是考试作弊现象较为严重。在调查样本中,超过 70%的大学生认为考试作弊的行为不是个别现象。而大学生考试请“枪手”代劳或者充当“枪手”的情况还属个别现象。但大学生学业诚信缺失现象还是比较严重的。从另外的调查数据来看,大学生考试作弊在所有违纪事件中的比例为首位,在英语四、六级考试中的“职业枪手”现象、剽窃论文等也并不少见。

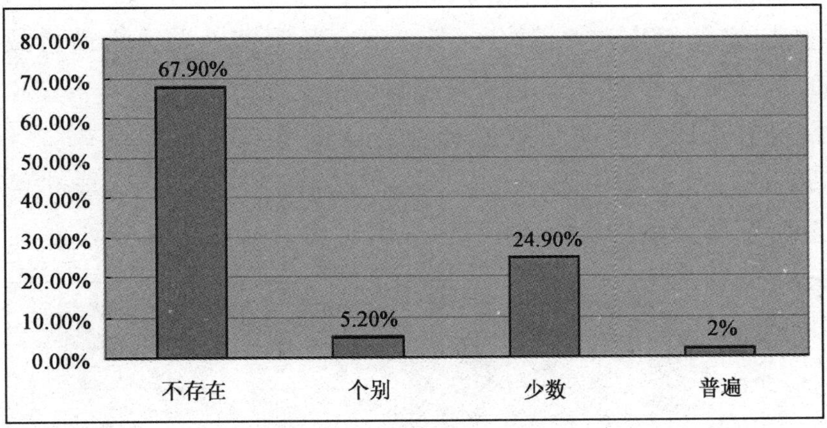

图 1-2

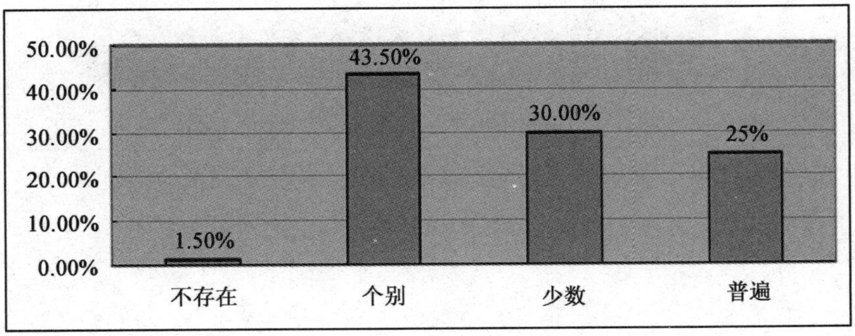

图 1-3

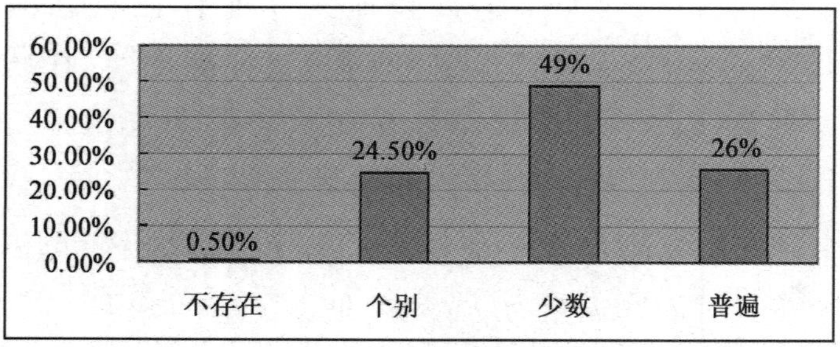

图 1-4

第二，大学生在日常行为方面的诚信缺失，如借东西不还，一些生活琐事上也没有诚信。

第三，大学生经济生活方面的诚信缺失，如拖欠助学贷款，拖欠学费，造假骗取奖学金等。图 1-5 为大学生以没钱为借口故意拖欠学校学费存在状态的调查统计数据。图 1-6 为大学生虚报家庭情况获取国家助学贷款或者社会资助存在状态的调查统计数据[①]。调查数据结果表明，在交纳学费、借贷学费等与大学生经济利益密切的领域中，大学生发生失信行为的人数正在蔓延。

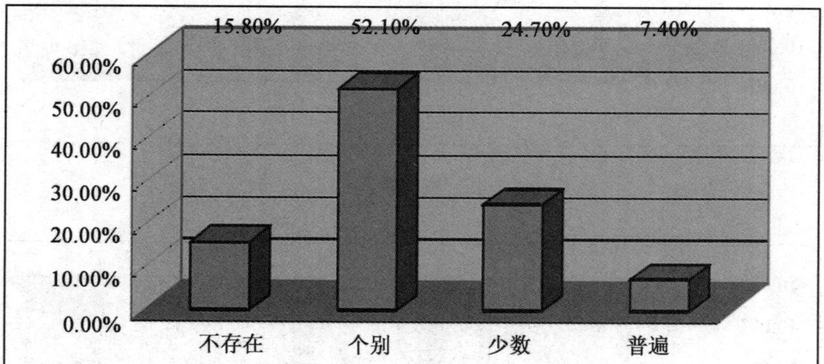

图 1-5

① 王越：《当代大学生诚信缺失问题及其对策研究》，中国矿业大学硕士论文，2014 年。

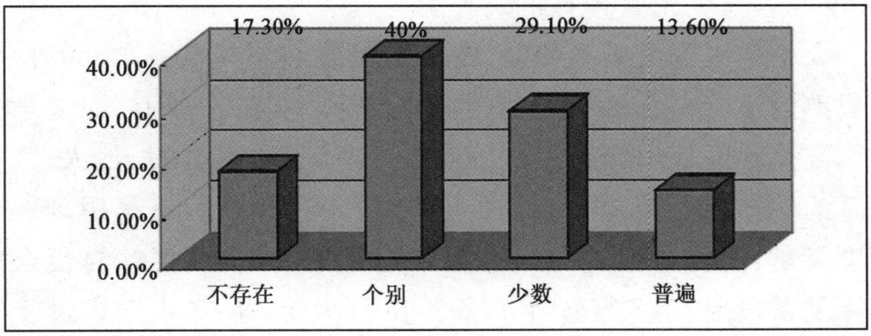

图 1-6

第四，大学生在就业过程中的诚信缺失，如简历弄虚作假，炮制假证书，通过不正当的门路择业，就业时欺瞒自身的真实情况。一些大学毕业生同时与几家用人单位签约，擅自违约。

除此之外，当代大学生网络诚信缺失、情感诚信缺失现象等也不同程度存在着。这些都显示出大学生诚信意识的危机，因此从塑造大学生健康人格这一层面上说，倡导诚实守信，强化大学生诚信教育工作刻不容缓。

六、人际关系失调

从相关调查统计数据来看，很多去学校心理咨询中心咨询心理问题的大学生，多是因为人际关系不和谐，尤其是舍友关系不协调等问题，在所有问题中的比例为70%左右。大学生在生活、学习中都有着各种各样的人际关系问题，或者缺乏人际交往价值取向的正确判断力，功利色彩日益突出，虚拟化。而且，因为当代大学生大部分是独生子女，比较容易形成以自我为中心的人生观，趋向自我封闭，不够重视他人和集体，也不大愿意了解他人，帮助他人，导致人际融合能力较差。严重的人际关系使得大学生的心理和精神总是处于不安和压抑的状态中。而在这样的心理状态下，大学生学习不集中，生活乏味无聊，导致疑心重，对人更冷淡，如果没有引起足够的重视，久而久之必然会导致心理异常，进而导致行为异常。前面提到的清华大学、复旦大学室友投毒案例，就与舍友关系紧张有很大关系。

大学生人际关系不和谐，在很大程度上与其自我中心倾向和不成熟的人际交往心理与行为有关。其中，在心理上，即大学生对人际交往的认识和感知方面存在一些问题，对自我、他人、人际关系的认知存在偏差，如太过于关注自身的需要，总是用理想的尺度衡量自我，对他人和人际关系抱过高的期望，但又对复杂的人际关系没有足够的心理准备。在行为上，即交往方式过于被动、诚信传统的匮乏，交往范围过于狭窄，交往技能单调贫乏，交往经验缺乏。当然，当代大学生人际关系不和谐还有一定的外部原因，如市场经济背景下功利主义抬头，校园本身的和谐文化渲染力量比较薄弱，班级团体氛围也不够浓厚甚至非常淡薄；学校构建和谐人际关系的思想教育有效性不高，辅导员辅导作用不足，德育课有效性不大，缺乏团体心理活动；大学生对学校心理咨询室存在认知上的偏差。

七、社会心态失衡

经济全球化、国际化，尤其是互联网技术的日益发达和普及，我国很多传统思想和信念受到外来思想极大的冲击，并逐渐被淡化，但新的社会准则又还没有建立起来，或者也就是处于刚刚确立的阶段，导致很多大学生的思想信念处于一种相对“空白”“自由”的状态，无所信仰、无所依托，进而又表现为混乱、盲目。这种社会心态的不平衡在当代大学生中的表现相当突出，具体包括以下几点。

（一）精神消极颓废、空虚，缺乏基本的人生观

当代大学生在享受互联网技术带来的便利的同时，也导致很多大学生沉溺其中无法自拔，神游于神秘的网络世界，因此而逃课、厌学，在现实中不愿意和人交往和沟通；还有相当一部分大学生以恋爱为“主修课”，无所事事；还有部分大学生对自己的前途

深感困惑、迷茫，因此生活也是浑浑噩噩。

（二）懒惰、浮躁，缺乏务实、严谨执着的精神

当代大学生面对纷繁复杂的社会生活，形成了浮躁心态，难以安心读书学习。对于学习，很多大学生只求及格，做事缺乏主动性，事事处处显现出被动，没有自学、执着精神。

（三）虚荣心、嫉妒心强

相当一部分大学生在吃、穿、玩方面相互攀比，崇尚浮夸、高标准的生活方式，讲究排场、新潮。一些大学生的嫉妒心也很强。例如，一些偷窃他人财物的大学生，他们作案的真正原因并不是经济困难，而是出于一种“我没有的，别人也不能有；别人有的，我也一定要有”的严重虚荣心理和嫉妒心理。类似的典型案例如马加爵案。应该说，马加爵的个人人格是有一定缺陷的，最起码是对人对事都存在强烈的嫉妒心理，没有宽容心。大学生凡事斤斤计较、耿耿于怀、好嫉妒，这样不但影响自己的人际关系，而且会伤害他人的感情，给自己带来烦闷，影响自己的情绪和形象。

（四）盲目依附的社会性格

一部分大学生由于缺乏自主精神，人格不独立，以致形成一种病态的盲目依附的社会性格。这具体表现为：第一，以“人情攻势”渗透到一切领域，人情是办事的主要规则。第二，盲目迎合别人，追逐流行，赶潮流，一味地效仿，独立思考能力偏弱，不认真分析思考各种多元社会文化中的各种思想观念。第三，缺乏勇为人先的精神。这也是堕入现代享乐主义的具体表现，与个体意志力发展不够有关。具有这种人格特点的大学生，其内心往往是空虚和混乱的，一旦碰到现实矛盾和挫折，总是脆弱而缺乏理性，严重者还表现为社会角色混乱。

（五）文化认同危机引发的民族文化心理失衡

一个国家或民族现有的文化传统，通常被提炼出一定的价值

标准和行为规范，为人们所遵守，以更好地确立自己的文化认同。但是社会处于转型期时，很多文化传统受到冲击，各种文化相互碰撞，新质文化很快动摇旧质文化的传统地位，由此产生了文化认同危机，导致民族心理失衡。这在我国现阶段有明显的表现，尤其是中西文化交汇、冲突中，很多大学生出现了盲目崇拜西方文化，而无视、漠视中国传统文化的倾向。

八、道德人格缺失

道德人格是社会外在道德规范的个体心理内化，它“表现了一个人的整体道德素质和道德面貌，体现出一个人的道德责任、道德水准和文明行为的层次”①。很多大学生长期受中国传统文化的熏陶，并接受了社会主义方面的思想品德教育，整体上的道德认知、道德责任、道德自律意识及道德行为能力都是积极向上的。但是，在强大外来思想文化的冲击下，我国社会也进行着剧烈的变革，社会文化观念开始多元，大学生由此难以形成正确的、稳定的道德人格，由此引发了道德人格冲突和失落。当代大学生道德人格缺失总体表现为：道德理想、人生追求、人格定位低，道德认知和道德行为相脱节，道德价值功利化等。据相关调查分析，绝大部分(98％)的大学生认为“在公共场所吸烟”“购物、乘车不排队”“随地吐痰”是不道德的，但在行为上仍有30％左右的大学生“在公共场所吸烟”“购物、乘车不排队”“随地吐痰”。也就是说，大学生虽然确立了一定的道德标准，但还没成功建立起道德自律意识，由此造成道德观念和道德行为相分离，造成道德人格缺失。

在剧烈的社会竞争面前，大学生过于注重个人利益，更多地关心自己的发展前途和眼前利益，强调人首先应对自身、家庭和现在负责，忽视自己身上的社会责任和历史使命，随之而来的漠

① 谭丽娟：《大学生道德人格及其优化》，华中师范大学硕士学位论文，2005年。

视他人、集体和社会的问题就比较突出了。从本质上看,这主要是因为当代大学生缺乏对历史使命的认同感和主人翁的责任感:责任感的范围过窄,对自己的责任感过强,对他人、集体和社会的责任感过弱。对自己的责任感过强,也源于大学生祈求自我利益、自我中心的价值取向,否定集体主义的价值导向,排斥“利他”,从而使道德人格退化。

第三节 大学生人格塑造的必然选择——健康人格

作为大学生综合素质的重要组成部分,健康人格是当代大学生健康成才的关键性因素和重要保证,有利于大学生自我完善,有利于促进社会和谐发展和文明的进步。大学生人格塑造的必然选择为健康人格,这已经成为时代关注的主题,是当代大学生人格教育的取向,是大学教育的重要使命。

一、时代关注的主题——健康人格

自古以来,我国一直是以农治国,传统的人格观对应于传统农业社会,强调伦理道德,注重人的思想教化和人际和谐,追求一种德性人格。在现代市场经济背景下,传统的人格被赋予新的内涵,要求高校在人才培养方面应该进行包括创新人格在内的健康人格培养。这也就是时代的要求。

如今的社会正处于知识经济时代,各国经济竞争的关键因素是知识生产率的高低。无论是对于国家主权、民族利益、综合国力来说,还是对于个人命运而言,知识的作用越来越大。要想把握知识经济,就必须善于创新。没有创新,国家、民族兴旺发达也就没有动力。创新首先要求的就是要有健康的人格。对此,爱因斯坦就曾经说过,一个人智力上的成就很大程度上取决于人格的伟大。

美国学者英格尔斯也曾说，一个国家可以引进很多先进的硬件设备、管理经验、管理制度、现代化的生活方式，但是如果没有赋予之真实生命力的现代人格，将不可避免要失败，或者畸形发展。现代人格与现代化发展相适应。一个国家的现代化是否成功，主要取决于国民的现代化与否。而人的现代化又归根于人格的现代化。现代社会的加速发展，给人带来了很多发展机会和条件，同时也带来各方面的困扰。如今，我国就处于社会结构发生巨大变化的时期，人的生存方式、价值观念、道德标准、思维方式都受到外来文化的冲击，由此也加重了人的人格冲突。人们走向现代社会的同时，其人格也必须要实现相应的现代化、社会化，即现代社会要求的健康人格。作为社会主义现代化事业的建设者和接班人，大学生面对五彩缤纷社会生活的同时，也要受多样化社会环境和多元化观念的影响。因此，我们一定要认真展开大学生人格塑造和个性革命，将之培养成全面发展、富有个性和创造性的人，让他们能够承担起建设社会主义现代建设的历史使命。

现代社会普遍要求民主、开放、多元，因此现代社会成员之间也普遍被要求以诚相待，不但要尊重个性，而且要相互包容。当前，我国正致力于构建和谐社会，各个社会构成个体、群体都应相互匹配，倡导理解、兼容的理念，因此社会成员也应该具有健康人格。作为国家未来的生力军，当代大学生既要有较高的科学文化素质和思想道德品质，又应健全人格，发展个性，从而确立主体意识，形成健康人格，促进社会生机勃勃、和谐发展。

二、人格教育的取向——健康人格

为适应现代社会发展需求，学校培养的人才，除了要具备丰富的知识和较高的能力，而且还要有较高的人格素养。只有高人格素养的人，才能够适应激烈的社会竞争，会生活，会创造，敢于面对困难，勇于承担责任，能够经受困难与挫折考验。一个国家如果培养出了大批具有高尚道德情操的高素质人才，才能保证未来的发展。培养和塑造大学生健康人格,是现代人格教育的必然选择和正确的取向。

早在春秋战国时期,我国就已经出现了人格教育思想,其中,孔子的儒家思想影响最为深刻和久远。孔子关于“仁者爱人”“己所不欲,勿施于人”等一系列思想观点形成了中华民族的友善、谦让、忍耐、吃苦、重孝的传统国民性格,使中华民族以团结友爱、尊老爱幼、舍己为公著称于世。但是,孔子的思想是从社会价值取向出发的,主要服务于封建社会,而且使人容易形成其他一些不良的人格品质,如盲目服从、因循守旧,严重阻碍了社会的发展和进步。14 世纪前欧洲社会的人格教育与孔子的思想有很多相通之处,主要是基于基督教社会的自甘屈辱、顺从驯服精神。文艺复兴后,欧洲社会开始挣脱宗教束缚,呼唤人的自由与独立,弘扬个性,追求平等、民主,人的自我意识开始得到充分的体现,从而使欧洲文艺得到空前的发展和繁荣,科学技术迅速发展,兴起了资产阶级工业革命。所有这些变化,其基本原因都是人格的变化。但是,20 世纪 60 年代之后,欧洲社会太过于强调个人主义,个人至上、自由万岁、唯我独尊思想泛滥,导致出现了一系列的社会问题,成为发达国家发展的严重障碍。

如今,我国经济体制改革不断深入,经济增长速度加快,人们的生活节奏也越来越快,对人的要求更高了。要想在激烈的社会竞争中取得胜利,不但要在技术、管理、效率方面有所突破,而且能适应社会的变化,要有较强的预测能力、调控能力。在文化教育领域,传统的价值观、道德观、人生观受到现代思潮的强力冲击,人们开始重新认识世界,要重新建立新的价值观,重新定位人生。在这激烈的社会变革中,人们更加注重自我价值的实现,强烈要求自我完善,表现自我的欲望很强,这都将充分发挥个人潜能,实现自我发展。但与此同时,随着社会经济发展的加速、竞争的加剧,人们的紧迫感、压力感也越来越强。在这样的大背景下,当代大学生出现了不同程度的人格缺陷,表现为厌学、心理焦虑,对人生无所追求,面对困难和挫折的勇气缺乏,抗挫力弱等。要解决这些问题，单靠外部力量是不行的，还要优化大学生的心理因素，即进行健康人格教育，以保证大学生快乐生活、发挥自我。

三、大学教育的重要使命——健康人格

人才竞争其实就是综合素质的竞争。综合素质除了智力、身体方面的素质，还包括思想道德文化素质、心理素质。在新时代，人才培养的根本目标就是促进人德智体全面发展，大学教育则应以素质教育作为根本的价值追求。素质教育思想集中体现了现代教育理念，它要求大学教育必须要重视本体教育，促使大学教育对人的社会工具价值的强调转变为对人全面发展的内在目的价值的强调。而要实现这种转变，大学教育必须要树立以人为本的思想，充分发掘人的潜能，培养大学生健康人格。

在现代教育思想里，整体提高人的素质是最为基本的要求。这将使大学教育把培养大学生人格的成长、自我发展、潜能的发掘发挥定为根本目标，不再受人才目标各个层面关系比重的困扰。这也必然要求大学教育注意整合教育资源，促使大学生人格成长，实现知、情、意、行各个侧面及自身知识、能力的协调与全面的发展。也就是说，在现代教育思想指导下，大学教育的目标是培养大学生健康心态、完整人格，使其情感、智力得到全面发展，富有创造精神，有判断力与道德人格，从而提升大学的社会理想，以推动社会健康发展。总之，健康人格的养成在素质教育中居于核心地位，因此，大学教育的重要使命便是培养当代大学生健康人格。

第二章 人格的内涵与基本特征

人格是伴随着每个人一生的心理品质,它影响和制约着人们的成长和发展。那么,人格到底是什么?有什么基本的特征?本章在这里专门对此进行较为深入的论述。

第一节 人格的内涵

一、人格的含义

(一)人格的词源及不同学科的界定

“人格”在英语中表达为personality,该词源于古希腊语“persona”,原本的意思是“面具”,即指古希腊罗马时代戏剧演员在戏剧表演场上扮演角色时所佩戴的面具。这种面具和中国戏剧中的脸谱类似,往往人物角色不同,面具也相应地发生变换,不同的面具体现了不同角色的特点和人物性格。经过心理学界和其他有关领域对“面具”一词的多种应用,该词逐渐被转意为人格。它主要指的是一个人在人生舞台上扮演角色的种种行为。

瑞士心理学家卡尔·荣格从词源学的角度出发对人格进行了研究。他认为,人格应该包含表层和深层两个层面:人格的表层,就是“人格面具”,主要指一个人的角色扮演,是根据自己所认为的别人希望自己去做的方式做事情;人格的深层,就是“真实的自我”，其包含着一些没有显示出来的、隐藏起来的人格成分。这两个层面整合起来形成的活生生、整体的自我就是人格。

在不同的学科领域，人格的解释往往各有不同。以下是语义学、哲学、伦理学、社会学、文化学、法学、文学和心理学关于人格的含义所具有的代表性观点。

(1)在语义学中，“格”，即资格、格位、格式、标准，主要指做人的资格，人在世界万物中的格位，人之所以为人的格式和标准。

(2)在哲学中，真实的、有理性的个人的本性被称之为人格。

(3)在伦理学中，伦理学家常常从道德的角度对人格进行诠释，认为人格与人品的含义是相同的，都是指一个人的尊严、价值和道德品质的总和。

(4)在社会学中，人格就是指“决定人在社会中角色和地位的一切特性的综合”。

(5)在文化学中，文化学者更倾向于从文化与习俗的角度对人格的含义进行理解，认为人格是内在化和个体化的文化精神，诗人、作家、学者、科学家等就代表了某种人格。

(6)在法学中，人格指的是法律认可的主体享受权利、承担义务的资格。

(7)在文学中，人格是指人物心理的独特性和典型性。

(8)在心理学中，心理学家倾向于将人格视为人的心理特征的具体表现，即个体的性格、气质、能力等。在研究人格的诸多学科中，心理学的研究可谓是最完备、最深刻的。

不管是在很多学科中还是日常生活中，“人格”一词都得到了广泛的使用。然而，至今为止，人格还是没有形成一个统一的、大家普遍认同的明确定义，不仅不同学科对它的解释各不相同，同一学科的不同学派或者不同学者，也往往从不同的角度、不同的侧重点出发有不同的解释。由此可见，人格是一个具有较多争议的概念。

(二)国内学者对人格的界定

“人格”一词在我国古代汉语中并没有明确出现，但有出现

“为人”“品格”“人品”等词汇。此外，我国古代已经出现了关于个性差异的论述。例如，先秦时期，孟轲和荀况就曾有性善与性恶的争论，孟轲主张性善论，荀况主张性恶论。儒家和道家还分别在性善论和性恶论的基础上提出了理想人格，儒家提出了“内圣外王”的理想人格，道家提出了“至人、神人和圣人”的理想人格。如果将人格放在我国传统的主流文化——儒家文化中来看，它主要指一个人的品质、道德、尊严等，属于伦理道德的范畴。一般认为，一个有道德的人是有人格的，而一个缺德的人就没有人格。如果某个人德高望重，那证明其人格也高尚。

在我国，“人格”一词最先从日文中引进，而日文中的“人格”也是翻译英文中的 personality 而来。梁启超曾在《新民说》中指出：“忠孝二德，人格之要件也。”在这里，梁启超是将“忠孝”与人格等同起来，人格被划入伦理道德范畴。女作家陈学昭也在自己的书中将人格和道德、名誉联系在一起。很显然，从伦理道德的角度上来讲，人格可以说是中国传统文化价值尺度的映照。

从国内学术界来说，学者们倾向于从伦理层面和心理层面来解释人格，而随着心理学在我国的快速发展，人格的心理学意义越来越得到人们的认同。当然，从心理学的角度进行界定，不同的学者从不同的维度出发也会有不同的观点。例如，郑雪认为，人格是“个体在遗传素质的基础上，通过后天环境相互作用而形成的相对稳定的和独特的心理行为模式”①；黄希庭认为，人格是“个体在行为上的内部倾向，它表现为个体在适应环境时在能力、情绪、需要、动机、兴趣、态度、价值观、性格、气质和体质等方面的整合”②；曾天德认为：人格是“个人各种稳定特征或特质的综合体，它显示出个人的能力、思想、情绪和行为的独特模式”③。从这些对人格的界定可以看出，我国的学者更倾向于将人格看作一个

① 郑雪：《人格心理学》，广州：暨南大学出版社 2007 年版，第 3 页。

② 黄希庭：《再谈人格研究的中国化》，《西南师范大学学报》2004 年第 6 期。

③ 曾天德：《大学生健康人格塑造导论》，北京：中国社会科学出版社 2008 年版，第 27 页。

有机整体。

(三)国外学者对人格的界定

在国外,虽然在较早的时期,古希腊学者希波克拉底和盖伦对于气质及气质类型进行了研究,但与现代社会的人格心理研究较为相近的要属古罗马时期大思想家西塞禄提出的一些有关人格的概念。西塞禄指出,人格是个体以自身的一些特征给他人留下的印象,这种印象代表着该个体在生活中的社会身份或角色。公元6世纪,波伊悉阿斯将人格看作真实而有理性的个人本性。到19世纪初和近代,西方学术界中出现了众多的人格概念,如弗洛伊德、荣格、奥尔波特、罗杰斯等分别都对人格概念进行了界定。奥尔波特在综述了历史上50个人格概念后,归纳出以下几种人格的定义。

(1)总和式定义。这种定义主要是将个人所有属性或者是所有特质的总和视为人格。例如,沃伦等认为,人格是一个人在自身每个发展阶段所呈现出的智慧、气质、技能和德行等的全部组织;荣格认为,人格是意识、个体潜意识、集体潜意识的总和与平衡;普林斯认为,人格是个体一切生物的先天倾向、冲动、趋向、欲求和本能,以及由经验获得的倾向和趋向的总和。

(2)整合式定义。这种定义强调人格的整合性和组织性。例如,著名心理学家奥尔波特和吉尔福认为,人格是由各种特质所组成的独特的整合体。

(3)适应性定义。这种定义从个体与环境的关系上理解人格的含义,将人格视为个体对环境的适应。例如,肯普夫认为,人格就是人对环境独特适应中所形成的习惯系统的整合;克雷奇和克拉奇菲尔德认为,人格就是个体在缓解和消除紧张上所具有的各种适应方式。这种定义实际上指出了人格的适应性功能,这是非常有意义的,不过,其并没有指出人格的内在特性。

(4)层次性定义。这种定义强调人格组织的层次,认为处于个体心理活动中心位置、起着支配作用的是自我。例如,美国心理学家詹姆斯就是层次性定义的代表人物，他将自我（实际上指人格）分为四个层次：第一层是物质自我，包括人的身体、财产等；第二层是社会自我，主要指别人对自己的看法；第三层是精神自我，能够将所有层次的自我统一起来，或者能够协调几个自我之间的矛盾；第四层是纯粹自我，即自我的自我。在他看来，纯粹自我属于灵魂的东西，是一切心理内容和品质的接受者和所有者。

(5)区别性定义。这种定义强调个体的独特性、与他人之间的差异性，认为人与人之间的区别就是人格。例如，卡茨认为，人格是个人所区别于他人的行为；舍恩认为，人格就是习惯、倾向和情操等有机构成的整体，而那些构成因素是群体中某一成员与其他成员形成区别的重要特征。

在归纳了上述几种人格定义后，奥尔波特提出了自己的观点。他认为，人格"是一个人内部决定他对其环境独特地适应的心身系统的动力组织"①。可以看出，这一定义较为综合地概括了上述几种人格定义中的观点。

当然，关于人格含义的探索，到 20 世纪 90 年代以后，西方学者也没有形成一个定论。例如，美国心理学家普汶认为，人格是个体认知、情感及行为过程中的复杂组织，它使个体的生活产生了一定的倾向性和一致性，它包含结构和过程，反映着天性和教养之间的共同作用；伯格认为，人格，是指源于个体自身的、稳定行为方式，以及个体与他人交往时的人际过程。

虽然国外学者从多个角度对人格的含义进行了解释，众说纷纭，既有抽象的解释，又有具体的解释，但可以确定的是，这些不同的解释可以引领我们对人格有一个较为深入的认识。

综上所述，本书在此将人格界定为：是个体自身各种相对稳定的比较重要的特质及行为倾向的综合体。这里的心理特征或特质是在生理素质的基础上，通过社会实践逐渐形成的，主要指人的气质、性格、能力、兴趣、爱好等。

---

①　[美]理查德·格里格、菲利普·津巴多：《心理学与生活》，王垒、王更生等译，北京：人民邮电出版社 2006 年版，第 386 页。

二、人格的主要心理特征——气质和性格

人格属于一个复杂的结构系统，其中包含着多种成分，如兴趣、需要、动机、气质、性格和能力等。这些都可以看作人格的心理特征。其中，气质和性格是人格最主要的心理特征，以下对这二者进行一定的论述。

（一）气质

1. 气质的内涵

气质来自于拉丁语，原意是混合、掺和，后来被心理学家经常界定为：人在心理活动动力方面表现出来的稳定特征。它主要表现在以下几个方面：心理活动的强度（反应的大小）、速度（反应的快慢）、稳定性（维持时间的长短）和指向性（倾注外部世界还是内部世界）等。之所以说稳定，主要是因为其不以人的活动目的和内容为转移。

在现实生活中，有的人性情暴躁，非常容易冲动；有的人遇事沉着冷静，不慌不忙；有的人活泼好动，善于辞令；有的人则多愁善感，谨小慎微。这些都是气质特征的表现。

气质在相当大的程度上由个体的先天遗传因素决定。研究表明，在儿童生命最初几周内，对刺激物的敏感度、对新事物的反应会表现出明显的不同。例如，有的孩子较为安静、不好动，哭声也比较小，对外界出现的刺激反应较慢；有的孩子则非常好动，哭声大，对外界出现的刺激反应较快。此外，个体的年龄越小，气质的表现越明显；遗传素质越接近，气质的表现也越接近。例如，把两个同卵双生子分别放在两个不同的环境下抚养，其气质比放在同一环境下抚养的异卵双生子更为相似。

气质的先天性决定了它难以改变，一旦形成就具有相对的稳定性。不过，气质并不是一成不变的，其也具有一定的可塑性。

随着年龄的增长，自身修养的提高，社会环境的变化，气质就会发生一定的改变。例如，一个情绪容易激动的学生，在集体生活的影响下，自我控制能力会越来越好；一个抑郁质的学生长期生活在充满朝气和活力的环境里也会变得比原来乐观开朗。

2.气质类型

所谓气质类型，就是指在某一类人身上表现出的相似的心理活动动力特征的典型结合。简单来说，气质特点在个体身上的不同组合，就形成了不同的气质类型。在心理学领域中，大部分心理学家对气质类型都沿用了古老的“四分法”，即多血质、胆汁质、黏液质和抑郁质。不同气质类型的人所具有的特征是不同的。

(1)多血质

多血质的人心理活动持续时间不长，常指向于外部世界。他们属于敏捷好动的类型，情感丰富外露，不稳定，情绪体验不够深刻，交际能力强，适应能力强，注意力容易转移。

(2)胆汁质

胆汁质的人心理活动也持续时间不长，常指向于外部世界。他们情绪体验强烈、外露，冲动直率，性情急躁，反应迅速，但准确性差。

(3)黏液质

黏液质的人心理活动维持时间比较长久，情绪体验深刻。他们常常沉着稳健，情绪内向，善于自制，注意稳定。

(4)抑郁质

抑郁质的人心理活动具有明显的内倾性，维持时间长，情绪体验深刻。他们常常性情孤僻，行动迟缓，注重细节，不喜社交，孤僻、情绪不外露，想象力丰富。

需要注意的是，在实际生活中，大多数人都不是某种气质类型的典型代表，而是介于两种类型之间的中间类型或综合类型。

(二)性格

1.性格的内涵

性格,是指人对现实的态度和相应的行为方式中所表现出来的相对稳定的心理特征。它往往决定着一个人如何去行动。例如,一个具有勇敢性格的人,在他做出行动之前,你就能断定他在面对艰险的情况时不会退缩,不会逃避。

性格也是个体稳定的心理特征。只有经常、一贯表现出来的态度和行为方式才能构成性格特征。与气质不同的是,性格有好坏之分,具有直接的社会性和道德评价意义。例如,诚实、勇敢、果断、友好等都属于好的性格特征,而小气、狡猾、懦弱、贪婪等则属于不好的性格特征。

性格是人格中具有核心意义的部分,它集中地表现了个体的精神面貌,对个体的气质、能力的表现特点与发展方向有着直接的影响。

2.性格的结构

性格的构成也十分复杂。按照个体对现实的态度以及在心理过程上表现的特点,性格主要由以下四种性格特征有机组合而成。

(1)性格的态度特征

性格的态度特征在整个性格结构中占据着主导地位。它是指个体对现实态度方面的特征。我们每个人总是不断地接受现实生活的影响,并以一定的态度做出反应。客观现实很多时候是复杂的和多样的,因而人对现实的态度也就各有不同,具体表现在以下几个方面。

第一,对社会、集体和他人的态度,如集体主义或个人主义、同情心或冷漠、诚实或虚伪、正直或狡猾等。

第二,对工作和学习的态度,如勤劳或懒惰、认真或粗心、自信或自负、有责任心或敷衍了事等。

第三，对自己的态度，如自信或自卑、谦虚或骄傲等。

(2)性格的意志特征

它是指个体对自己行为的自觉调节方式和调节水平方面的特征。这主要表现为以下几个方面。

第一，对行为的自觉控制水平，如自制力强或缺乏自制力。

第二，对行为目标的明确程度及其行为受规范约束的特征，如有目的性或盲目性。

第三，在长期工作中表现出来的特征，如坚持不懈或有始无终。

第四，在困难和紧急关头表现出的特征，如勇敢或胆怯，沉着冷静或惊慌失措，果断或优柔寡断。

需要注意，在分析评价个体的意志特征时，我们必须和思想道德品质及所从事活动的社会意义结合起来加以考虑。

(3)性格的情绪特征

它是指个体在情绪活动中受情绪影响的程度，主要表现为情绪的强度、稳定性、持续性和主导心境方面的特征。

第一，情绪的强度，主要指是否易受感染及反应强度。

第二，情绪的稳定性，主要指情绪是否容易波动。

第三，情绪的持久性，主要指情绪持续的时间长还是短。

第四，主导心境，主要指情绪对个体身心的稳定而持久的影响所形成的主导心境状态，如愉快或难过。

(4)性格的理智特征

它是指个体在认知活动方面表现出来的态度和活动方式上的特征，具体表现如下。

第一，在感知方面，如主动型、目的型、快速型和精确型等。

第二，在想象方面，如大胆想象型、想象阻抑型等。

第三，在记忆方面，如信心记忆型、无信心记忆型等。

第四，在思维方面所，如独立型、分析型、深思型、粗浅型等。

上述四个方面的性格特征实际上是相互联系、相互制约的，它们构成一个统一的整体而存在于个体身上。不同的人，往往有不同的性格结构。

（三）性格与气质的关系

性格与气质有着非常密切的关系，以至于人们常常将它们相混淆，如把热情大胆的气质说成性格热情大胆，把老实稳妥的性格说成气质老实稳妥。实际上，这二者之间是有一定的区别的。

1.性格与气质的区别

(1)从起源上来看，气质由人的高级神经活动类型来决定，是先天就有的，主要表现为个体心理活动过程和行为中的动力特点，如心理过程和行为的稳定性、灵活性、速度等。而性格是人在后天的社会活动与社会环境相互作用下形成的，主要表现为对现实的稳定的态度和相应的行为方式。

(2)从可塑性上来看，气质与活动的内容和目的没有什么关系，由于主要受生物因素制约，因而在个体的发展中发生得早、难以变化、可塑性小。而性格与活动的内容和目的有一定的关系，主要受社会因素制约，因而在个体的发展中，形成得晚，虽然也具有相对稳定性，但可塑性较大。

(3)在社会评价意义上来看，气质无所谓好坏，在不同的情境和条件之下，人们可能表现出来的气质特征是相同的；而性格是能够分好坏的，在不同情境和条件之下，人们所表现出来的性格很有可能是不同的，有些是人们喜欢的、被社会所认同的性格，有些是人们讨厌的、不被社会所认同的性格。

2.性格与气质的密切关系

性格与气质是辩证统一的，它们互相渗透，彼此制约。

(1)先天的气质是性格形成的生理基础，某一种气质可能比另一种气质更容易形成某种性格特征，如黏液质的人往往比胆汁质的人更容易养成自制力，而抑郁质的人无须特别约束自己就能形成自制力。

(2)气质会使人的性格特征显示其独特的色彩。例如,具有勤奋性格的人,胆汁质的人表现为情绪饱满、急切利索,黏液质的人表现为不动声色、从容不迫;具有乐于助人性格的人,胆汁质的人表现为风风火火,而黏液质的人表现为默默付出。

(3)相同气质类型的人可以形成不同的性格特征。例如,同是抑郁质的具有敏感气质特点的人,有的人形成了爱思考的性格特征,有的人则形成了好猜疑的性格特征。

(4)有时候,性格会掩盖某些气质特点或是对某些气质特点进行改造,使气质特点很难被人所辨认出。例如,从事精细操作的外科医生应具有沉着的性格特征,出于职业的需要,具有胆汁质特征的医生会有意识地克制自己,那种易冲动和暴躁的特征在学医和从医的过程中就会逐渐得到改变。再如,个体因遭受长期挫折经历而形成忧郁、自卑等性格特点,会掩盖其多血质活泼好动的气质特点。

三、人格的五因素模型

20 世纪 80 年代以来,心理学界的一些人格心理学家在人格的特质理论研究过程中研究出了五大因素理论。他们认为,人格中存在五个主要的独立因素,这五个因素分别是外倾性(extraversion)、神经质(neuroticism)、开放性(openness)、宜人性(agreeableness)和严谨性(conscientiousness)。它们包含了人格结构的方方面面,每一个因素都包含许多特质,每个特质又有各自独特的内涵。在当前阶段下,很多人都将这五大因素理论称为五因素模型。

(1)外倾性。它反映了个体神经系统的强弱及其动力特征。外倾性强的人喜欢与人交往,常常精力充沛、乐观、果断、自信和友好;而外倾性弱的人在这些表现上就不明显。

(2)神经质。它反映个体情绪状态的稳定性及内心体验的倾向性。一般来说,那些倾向于体验某一消极情绪的人也容易体验到其他的消极情绪，如经常有内疚情绪的人也容易产生悲伤、焦虑等情绪。从神经质角度来看，有的人情绪波动较小，自我调适良好，不易于出现极端和不良的情绪反应。这种人在神经质维度上的得分必然是低的。

(3)开放性。它不仅仅说的是人际交往方面的开放，还包括发散性思维、丰富的想象力、对新观念的自发接受以及创新创造等。这一因素可以说是衡量智慧水平的重要指标。在社会生活中，那些喜欢独立思考、善于交际、具有丰富的经验和想象力的人在开放性维度上必然得分较高；而那些较为传统，不爱思考和想象，喜欢熟悉的事物的人在开放性维度上必然得分较低。

(4)宜人性。它是衡量个体能否与他人和睦相处、相互协作的重要指标，因为其主要反映个体的社会亲和力、合作水平、让人喜欢的能力等。那些乐于助人、善于合作、与人友好、值得信赖、富有同情心的人在宜人性维度上得分高，而那些为人多疑、冷漠、充满敌意的人在宜人性维度上得分低。

(5)严谨性。它反映个体自我约束的能力及取得成就的动机和责任感，常说的是对工作的敬业以及认真程度。在这一维度上得分高的人往往认真、自律、有责任心、做事严谨，得分低的人则粗心、散漫、见异思迁、不可靠。

五因素模型实际在很大程度上是描述性的。它是通过对待质项目类群的统计分析得出的，而不是由于某个理论认为“这就是那些必定存在的因素”才得到这个模型。表 2-1 是五个维度的高、中、低分描述。

表 2-1　五个维度的高、中、低分描述

五大维度	高分描述	中等分数描述	低分描述
外倾性(E)	外向、活泼开朗、情绪高昂，善于交际，大部分时间愿意与人打交道	对很多事情并不抱有较高的热情，总是处于不温不火的态度中，愿意与人相处，但也注重保护个人隐私	内向、含蓄、庄重，喜欢独处，或只与几个亲密的朋友交往

续表

五大维度	高分描述	中等分数描述	低分描述
神经质(N)	感觉非常灵敏,情感脆弱,很容易体验到消极情绪	比较安静,有能力应付压力,偶尔会体验到一些愤怒、内疚、悲伤等情绪	感觉不灵敏,忧虑非常少,能吃苦耐劳,面对压力时,也能轻松处理
开放性(O)	喜欢经历新鲜事物,兴趣广泛,想象力丰富	讲求实际,但也愿意尝试新的方法,能够在新与旧之间找到平衡	脚踏实地,讲究实际,固守自己的处世原则
宜人性(A)	非常富有同情心,性情温厚,渴望合作,尽力避免冲突	富于同情心,信任他人,性情随和,但有时会固执己见,有一定的竞争意识	斤斤计较,怀疑心重,骄傲自大,争强好胜,会直截了当地表达自己的愤怒
严谨性(C)	责任心非常强,做事有逻辑、有条理,自我要求高,喜欢努力实现自己的目标	做事较有条理,目标清晰,为人相对可靠,不过,有时会因为其他一些事将工作放置一旁	生性懒散,做事没有条理,常常没有明确目标,不愿意制定计划

第二节 人格的基本特征

人格作为心理学中探讨个体差异的一个领域,被学者们赋予了大量的不同的定义,不过,对于人格的基本特征,大家的看法还是较为一致的。在此,我们将人格的基本特征归纳为以下几个方面。

一、人格的完整性

人格是由多种有着密切关系的要素有机构成的一个整体,具有内在统一的一致性。也就是说,某一单一的人格要素并不能代表人格,许多没有紧密联系的人格要素简单相加也不能构成人格。一般来说,如果人格各构成要素充分发挥了自己的作用与功能,都得到了较好的体现和发展,就能够成功体现人格的完整性特征。

关于此,黄希庭就曾指出,一个现实的人的行为不仅是某个特定部分运作的结果,而且总是与其他部分紧密联系、协调一致进行活动的结果。精神科学创始人狄尔泰,将完整的人称为“总体的人”。总体的人,即“有意志、有情感、有想象的存在物”,也就是知、情、意的结合体。人本主义心理学家罗杰斯也认为,“躯体、心智、情感、精神、心灵力量融汇一体”的人就是完整的人。很显然,狄尔泰和罗杰斯都指出了这样一个事实,即构成人格的各要素之间是紧密相关的,它们相互依赖、相互包含,任何一个都不可缺少,否则人格就不完整了。人格这种完整性主要表现在以下两个方面。

第一,不管是在怎么样的情况下,一个人的人格都能够保持其内在与外在、之前与之后的一致性和统一性。这也就构成了一个人心理是否健康的重要指标。一般来说,心理健康的人往往具有健康的人格。而具有健康的人格的人往往是能够维持自己内部心理的统一性,能够使自己的心理动机和举止行为保持一致,达到内在感受与外部行为的和谐统一。反之,如果一个人不具备健康的人格,那么其必然不存在人格内在的统一性说法,其心理动机和举止行为也常常不一致,很多时候会出现人格障碍或人格分裂现象,从而导致自己陷入自我矛盾与冲突中。

第二,要想真正认识一个人的人格,必须从整体出发,结合其所表现出的各种人格特征,以及每种人格特征所显示的真正意义来确定。例如,一个人沉默寡言、显露出孤独的特征,我们就不能理所应当地认为他是怯懦的,是由于他性格腼腆、不愿意在人前露面,也有可能是因为他不想暴露自己的真实面目,这就有了虚伪的含义。

二、人格的生物性和社会性

人是自然属性与社会属性的合体。因此，人格也同时具有生物性和社会性。

人的自然的生物特性（遗传、体态、容貌、健康状况等）是构成人格形成的基础。这些特性会影响人的心理与行为的变化和人格发展的方式和去向，也决定了人的行为倾向形成的难易。因此，我们在研究人格的特性时，不应当忽视生理遗传因素对人格，尤其是对气质和智力的影响作用。当然，在看到人格的生物学意义的同时，绝不能把它看成是由遗传所决定的先天因素。因为刚出生的孩子不具有人格品质，没有成人所具有的道德品质，当然也就无所谓人格。人格真正是在人的社会活动和社会交往中逐渐形成的，所以人格是具有社会性的，而且社会性应当是人格的本质所在。

人格的生物性和社会性是有机统一的。如果人脱离了社会生活，不受经济状况、社会制度、社会实践活动、民族文化、家庭背景、学校教育等的影响，没有社会属性，那么人只有躯体，根本就不能构成完整、统一的人格。

三、人格的稳定性与动态性

人格的稳定性是指个体在其人格的发展过程中所表现出来具有跨情境的一致性和跨时间的持续性的特征。“江山易改，禀性难移”就描述了人格的这一特征。具体而言，人格的稳定性主要表现在以下两个方面。

第一，任何一个人的人格特征都不是在一朝一夕之间就可以形成的，因而它一旦形成，就相对稳定下来，要想改变它，非常困难。

第二，在不同的时间和情境下，人格特征都会表现出一致性，即经常表现出某种稳定的心理和行为特征。例如，一个性格外向的学生，他不管在朋友、同学、老师、家长面前，还是陌生人面前都精力充沛、善于言辞，中学如此，大学如此，工作几年后还是如此。

总之，人格是一个人稳定的、持久的、整体的精神特质。

人格虽然具有稳定性特征，但同时它也具有动态性特征。人格的动态性特征是指一个人的人格在整个人生发展过程中会发展和变化。当然，人格的改变和行为的改变是不同的，行为改变是一种外在的、表层的变化，人格的改变是内在的、深层的变化。例如，某人具有焦虑特质，当他是学生时，常表现为考试焦虑，在考前心神不宁、紧张焦虑，在考试中不能正常发挥；当他工作时，常表现为难以面对竞争和压力环境，一旦遇到就焦虑不安，于是常采取逃避的方式来处理焦虑。虽然在某一时段或是某一情境中，他并没有焦虑反应，但是其内在的焦虑特质是存在的，并没有改变。不过，他接受心理治疗，通过心理医生的脱敏治疗，彻底消除了焦虑特质，这就发生了人格方面的变化。一般来说，在社会变革时期，人类生活方式的巨大变化会促使人的人格特征产生一定的易变性质。

弗洛伊德曾提出，个体的人格发展在儿童阶段就已成熟。在这一观点的影响下，不少人认为人格是在儿童期和青少年期形成的，而一旦形成就不会再变，就会处于停滞状态，如威廉·詹姆斯就认为，人在30岁以后，性格就定型了，不能再塑了。事实并非如此，个体成年后，随着其所面临的一切，性格也会发生一定的变化。也就是说，人格发展是贯穿于人的一生的。

四、人格的独特性和共同性

社会上的每一个人都是独一无二的个体，他们有着独特的人格。就和世界上没有两片相同的树叶一样，世界上也没有两个具有完全相同的人格的人，每个人的人格都是千差万别的。即使是同卵双生子，他们的人格也不会完全相同。因为人格是在遗传、环境、教育、生理心理成熟水平等因素的交互作用下形成和发展起来的。正是这些因素的独特组合,才塑造了一个人独具特色的精神面貌。

虽然说人格具有独特性,但并不意味着人与人之间在人格上毫无共同之处。人格还有共同性的特征。作为一个人的整体特质,人格既包括每个人不同于其他人的心理特征,也包括人与人之间在心理、面貌上相同或相似的内容,如同一民族、同一阶级、同一群体的人往往就具有相似的心理特征。文化人类学家就曾提出了群体人格或众数人格,它是指同一种文化陶冶出的共同的人格特征。例如,在中华民族传统文化影响下的人,其在情感方面往往较为内敛含蓄,喜欢安静,与人交谈有些拘束谨慎,善于自我克制。

美国人类学家玛格丽特·米德(Margaret Mead)曾与其他研究者对住在新几内亚的三个民族的人格特征进行了研究,结果发现:来自于同一祖先的不同民族,都有他们本民族所固有的人格特征。很显然,不同的民族、信仰、区域文化会在很大程度上影响生活于其中的任何一个成员,并对他们的行为产生一定的规范作用。

综上所述,人格的独特性和人格的共同性是辩证统一的,共同性寓于独特性之中,又在独特性的基础上表现出来。

五、人格的道德性

道德是人们对生存与发展内在要求的反映。人格的道德性,是指人格常常作为一种精神性存在于人们身上。这里的道德与传统意义上的人伦关系道德不同,它的含义更高、更广,主要指人在其全部类生命活动过程中所彰显出的一切心理价值行为、向善行为。它存在于人与自然、人与社会、人与他人、人与自我的全部类关系中。

马克思曾说过:“道德的基础是人类精神的自律。”在个体的人格系统中,道德自律实际上占据重要的位置。首先,个体人格中的道德自律是社会道德系统要求向个体的内化过程,表现为个体调整自己的行为方式,使之与社会的道德、法律、习俗、风尚相协调、相一致。其次,个体人格中的道德自律是个体实现自身的潜能和价值的过程,表现为个体根据一定的道德价值目标,以正确的道德意识和行为方式积极地进行社会实践,从而实现自身的价值。

人格的道德性特征能够让我们从好坏利害的角度去探讨和评价人格。也正是这一特征,社会上才有健康人格和病态人格一说。健康人格自然是好的、善的、道德的,如扬善抑恶、强烈的社会责任感等;病态人格自然是坏的、恶的、不道德的,如心胸狭窄、冷漠无情等。不得不提的是,人格中有气质这一心理特征,而气质并没有好坏之分,与道德的联系并不紧密,如有的人活泼好动、善于交际,有的人安静稳重、情绪内向,它们虽有积极和消极之分,但不能分出好坏。这就充分说明,人格的道德性是就个体整个的人格特质而言的,并非单纯就某个人格特质而言。

总的来说,人格承载着价值意义、道德意义,在优化人格的研究和实践中,抓住这一点相当重要。

六、人格的功能性

人格的功能性主要表现在以下两个方面。

第一,人格赋予个体一种强大的影响力,它常常会决定一个人的生活方式,甚至有时会决定一个人的命运。所以,很多时候,人格被看作一个人幸福与否、人生成败的根源,会用人格特征来解释某个人的言行和事件的原因。坚强的人在面对挫折和失败时会越发拼搏努力,而懦弱的人在面对挫折和失败时往往一蹶不振。历史上有不少成功的人士之所以成功,与他们高尚的人格品质是分不开的。

第二,人格对人们行为实践具有推动力量。当人格发挥其正性的导向、动力和激励作用时，表现为健康而有力，体验着生活的乐趣和事业的成功；当人格功能失调时，就会表现出软弱、无力、失控，甚至变态。

第三章 | 人格理论流派研究

人格理论体现着浓厚的心理学特征，众多心理学家为人格理论建构框架，解析心理问题，完善人格。弗洛伊德、荣格、华生、斯金纳、罗杰斯、马斯洛等人在人格心理学理论体系中都有各自的相关言论。他们的人格理论有各自的研究重点，形成众多人格理论流派，包括精神分析流派与特质流派、生物学流派与人本主义流派、行为主义流派与社会学习流派。本章就这几个流派展开分析。

第一节 精神分析流派与特质流派研究

一、精神分析流派

19世纪末20世纪初，奥地利精神病学家弗洛伊德创立了精神分析学派，该学派也成为第一个真正意义上的人格心理学理论体系。弗洛伊德根据自己的临床治疗实践经验，系统地论述了人格的结构、动力、发展、治疗和改变，重点关注人性中本能的、自然性的、非理性的一面，揭示人的潜意识。荣格等人也曾追随弗洛伊德，但后来在理论见解方面的分歧而分道扬镳。他们代表的精神分析学派被称为经典精神分析学派。20世纪30年代后期，许多富有创造力和洞察力的心理学家开始探索精神分析的新道路，在保留弗洛伊德理论的基本概念与假设的基础上，发展自己的人格理论，创立了新的心理学派——新精神分析学派。它反对以本我心理学为核心，反对以泛性论为动力的生物主义和悲观主义，突出自我心理学、文化人类学、社会学的价值和乐观主义精神。精神分析学派以霍尼、弗洛姆、沙利文、艾里克森为代表，他们对经典精神分析学派进行了修正。

(一)经典精神分析学派

1. 弗洛伊德的人格理论

弗洛伊德并没有明确界定人格，他认为潜意识是人类心理的主体。在早期，弗洛伊德理论的核心概念是潜意识。到了晚期，在弗洛伊德的理论体系中，潜意识的地位从人格结构的改变转变为一种心理现象的描述。

(1)人格结构

关于人格结构，弗洛伊德提出了地形学模型、结构模型。在他看来，人格是一个整体，其包含着彼此关联且相互作用的部分。

最初，弗洛伊德认为人格结构由意识和潜意识构成，而意识的过程则是由潜意识的过程衍生的，意识又包括前意识。因此，实际上弗洛伊德把人格分为潜意识、前意识和意识三个部分。这一人格模型被称为地形学模型。意识是人对客观现实的自觉的反映，是人清醒知觉的思想和情绪等，随时可以观察到。前意识指没有浮现出意识表面的心理现象，人们能够回忆起来。意识和潜意识的过渡领域就是前意识，潜意识要进入意识领域必须经过前意识领域，借助前意识的某种形式才能实现。潜意识也称为无意识，它是深藏于内心的、不可接近的部分，是精神活动的主要方面。潜意识包括人的原始冲动、各种本能和欲望。这些冲动和欲望通常受制于风俗习惯、伦理道德、法律，因此被压抑或排斥到意识域下，但并没有消失，仍然是活动着的。

在弗洛伊德看来，意识只代表人格的外表方面；潜意识才是人的精神主体，处于心理深层，由此提出了著名的心理冰山模型

(图 3-1)。显露在水面之上的冰山一角即意识,能为人们所感知;那些忽隐忽现的冰山部分即前意识,只要加以努力就可以被提取出来;隐没在水面之下的巨大部分即潜意识,不轻易被人感知,却是冰山的主体,主宰着人的精神。前意识和意识之间虽有界限,但互相转换却是瞬间的事,跨越难度不高,因此用波浪线表示。然而,潜意识要转换成意识是很难的,二者壁垒分明,防守严密,因此用水平实线来表示。在弗洛伊德的早期理论中,把这种防守作用叫"检查作用"。

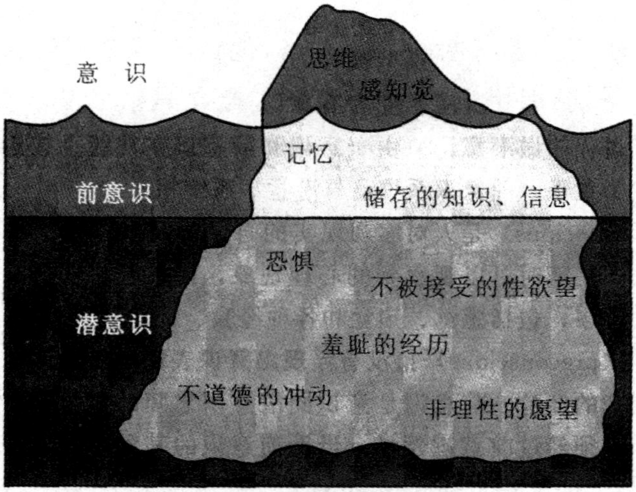

图 3-1

总之,弗洛伊德认为潜意识主宰着人的精神,支配个体行为,以此将之称为基石建构了自己的人格结构与人格发展理论。

晚期,弗洛伊德进一步完善、修正潜意识理论,并提出了新的"三部人格结构"说,先前的"潜意识""前意识""意识"的心理结构被表述为"本我""自我""超我"组成的人格结构,这三者彼此联系且相互制约。这也就是前面提到的结构模型。

本我又称"生物的我",由一切遗传的本能冲动所组成,因此是人格中与生俱来的、最原始的部分,具体表现为性本能和攻击本能。本我受"快乐原则"支配,其运作是非理性的,不考虑逻辑关系和后果,总是求无条件的即刻的满足。可以说,本我不辨别优劣，对所有的社会规范、道德法律都是无知的。弗洛伊德还将本我比喻为一口混混沌沌的、充满了本能和欲望的沸腾的大锅，如果不加以限制，它就很有可能成为罪恶的渊薮。在弗洛伊德看来，婴幼儿的人格结构就完全属于本我，因为他还完全没有所谓的社会观念，只是凭借本能地寻求满足。

自我又称“现实的我”，它随着年龄的增长而逐渐从本我中分离出来，代表了人格中的理智部分，是符合现实的。自我受现实原则支配，寻求满足时又极力避免痛苦，因此也是对本我冲动和超我需求之间冲突的调节。自我不能脱离本我而独立存在，但按照现实原则进行操作，现实地解除个体的紧张状态以满足其欲望。自我是人格的执行者，执行行动的决策权。简言之，当本我向自我转化时，也就实现了现实思维对愿望思维的取代，意味着心理的成熟。

超我也称“理想的我”，是从自我中分化出来、道德化了的自我，处于人格的最高层，因此也就代表了人格结构中最文明、最道德的部分，具体表现为良心和自我理想。超我追求至善至美，存储着个体的价值观，受“道德原则”支配。超我一旦违反了“道德原则”就会引起不安。道德和快乐总是经常出现矛盾，因此超我和本我也经常是冲突的：超我具有判断是非的标准，坚持做正确的事情，本我依据本能行动，总想要做感觉上快乐的事情。超我处于人格的最高层，指导自我，限制自我，从而达到自我规范。因此，超我主要有三个功能：第一，抑制本我的各种冲动；第二，诱导自我，用合乎社会规范的目标代替较低的现实目标；第三，使个体向理想努力，完善人格。因此，当超我发展不足时，个体行为会缺少约束，以致造成放纵，而超我过于强大则会使个体经常产生“道德焦虑”、良心不安、羞耻感。

总之，本我、自我、超我具有不同的功能，发挥着不同的作用，如表 3-1 所示。而关于本我、自我和超我的关系，弗洛伊德比喻为“一仆三主”：自我是仆人，三个主人是超我、本我、现实。其中，超我和自我都是人格的控制系统，自我接受超我监督，依据外部的现实条件控制本我，延迟本我的满足，但最终服务于本我；超我则总是通过社会道德规范压制本我的本能冲动；当本我和超我产生冲突时，自我则又以折中的方法尽量满足他们的需要，但是如果矛盾非常紧张，则很难制定出最优的折中办法了，此时三者关系失衡，将导致心理失常。如果能够为本我和超我之前的矛盾冲突提出建设性的解决办法，三者的作用均衡协调，个体就不会产生情绪困扰。这样，本我、自我、超我三种力量相互之间形成了特定的人格动力关系，决定了个体的一切心理活动。因此，一个健康的人格，本我、自我和超我是均衡协调的。

表 3-1　本我、自我、超我的比较

	本我	自我	超我
性质	生物	心理	社会
来源	遗传	经验	文化
取向	过去	现在	过去
层次	无意识	意识和无意识	意识和无意识
原则	快乐	现实	道德
理性	非理性	理性	不合逻辑
实质	主观	客观	主观

（2）人格动力

弗洛伊德认为，人格动力来自于人的本能，将本能视为人类的基本心理动力，人的全部行为都受潜意识的本能的支配。本能都有其原动力、目的、对象和来源。本能的原动力指力的大小或能量的多少，本能的目的即需求满足和消除紧张，本能的对象是使本能借以达到其目的的东西，本能的来源是指身体的某个器官或某部分发生的躯体过程，是人体的需要或冲动。最早，弗洛伊德把本能分为性本能和自我保存本能，在后来的分类中，又提出即生本能和死本能，前者代表心理活动的性欲成分，后者代表破坏成分。生本能具有正向的、积极的、建设性的作用，其中性本能是主要成分。死本能会表现出侵犯或自毁，当它转向外部时，导致对他人的攻击、仇恨、谋杀等一切毁灭性行为。

(3)人格发展

弗洛伊德认为，人格的发展主要是性本能的发展，人格的发展过程其实就是性心理的发展过程，身体快感作为五阶段划分的指标，它们依次是口唇期、肛门期、生殖器期、潜伏期、生殖期，而前三期尤为重要(图 3-2)。个体在每一个阶段的特殊个人经验将会形成他的特殊人格，个体应该以正常方式通过这些阶段，否则就很有可能产生失调和人格障碍。性心理发展不顺利，就会发生停滞，导致固着；如果受挫就会退行，从而导致行为异常。

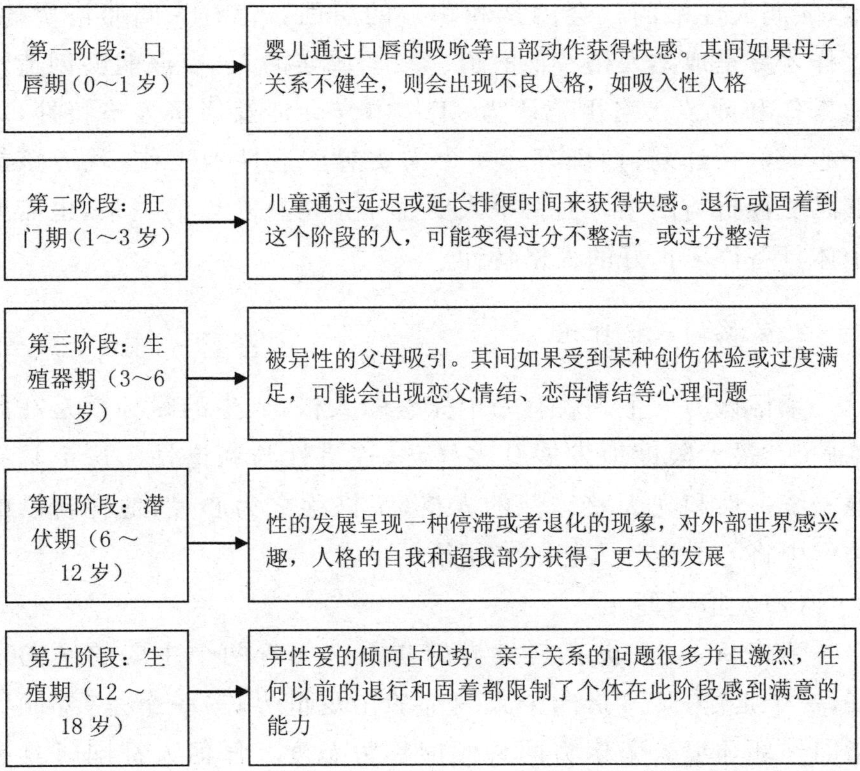

图 3-2

弗洛伊德对于人格发展的论述只到成年，因为在他看来，个体在前三个发展阶段已经形成了成人人格的基本组成部分。弗洛伊德认为，幼年的经历对后来人格的影响是决定性的，其间的创伤性经历通常发生在5岁之前，并往往导致未来成年性心理发展产生障碍。而精神分析的目的就是要试图揭示来访者的性心理发展在哪一个阶段经历了创伤，而让来访者有知觉地重新经历那次创伤，达到领悟和调整，那么就可以重新开始正常的性心理发展。

(4)健康人格

一般人看来，弗洛伊德更多描述的是人性与人格中的负面、非理性的成分。晚年时期，弗洛伊德开始思考人格中的积极因素，强调人性中的社会因素和积极的层面。曾有人问弗洛伊德，怎样才算是成熟人格？他答道：“一个成熟的人，应该能够创造性地工作和爱。”弗洛伊德认为，工作本身会涉及诸多人格特性，如专心、努力、计划、训练等。一个人要想创造性地工作，就应该能够忍受挫折与困难。而一个人要建立亲密且真爱的关系，也需要个体具备许多良好的人格特性。

2.荣格的人格理论

荣格认为人生来就有一个完整的人格，人生的目标就是在此基础上，最大限度地发展其多样化、连贯性与和谐性。这个具有原始统一性和先天整体性的人格，荣格称之为心灵，他在自己的著作中将心灵作为人格的专用语。

(1)人格类型

荣格认为，心灵在与世界的联系中朝着两个主要的倾向发展，一个是“内倾”，指向个人内部的主观世界；另一个是“外倾”，指向外部环境。荣格将两种倾向称为态度。任何人都同时具有这两种倾向，只是其所处地位或者所占比重不同而已。除了一般倾向外，荣格又进一步区分出四种心理机能：思维、情感、感觉和直觉。态度的内外倾向与四种思想功能相结合，又可以构成多种人格类型,包括:内/外倾思维型、内/外倾情感型、内/外倾感觉型、内/外倾直觉型。

(2)人格结构

荣格认为,心灵(人格)主要由意识、个体潜意识和集体潜意识三个层面构成(图 3-3)。其中,意识以自我为中心,处于最外层;个体潜意识主要是由一些情结构成,处于中间层;集体潜意识充满了各种原型,是物种进化和文明发展所形成的心理积淀物,处于最深层。

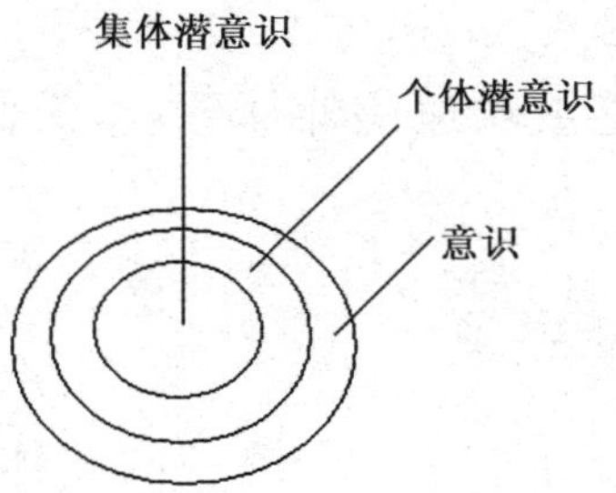

图 3-3

荣格认为,人格(或心灵)是一个系统,各成分之间或者相互补偿,或者相互对抗,或者相互联合,以这几种方式交互作用。

(3)人格动力

荣格认为,人格动力来自于心理能。心理能有时候荣格又称之为力比多,但这个力比多与弗洛伊德的性欲力说有所不同,它代表的是一种普遍的生命能量。在荣格的心理动力学里,其重点关注的是心理能在整个心理结构中的分布配置和转移。关于这个问题,荣格还运用了物理学中的等值原则(能量守恒定律)、平衡原则(说明精神系统中能量流动的方向)和反相原则(每一种概念都有一个与之相反的对立概念,如内向对外向,思维对情感)来进行论述。

(4)人格发展

根据荣格的理论,人格的发展过程就是个体心灵的个性化过程。一种未分化的混沌状态开始,个体心理逐渐形成、成熟,整体人格内容变得越来越丰富,其意识逐渐变得富于个性,不同于他人,个体也就逐渐变成一个心理上独立、不可分割的统一体。

人格的发展是连贯的,但又存在某些重大变化的转折,这就构成了人生的不同阶段。荣格把人生主要分为三个阶段:童年、青年、中年。

童年阶段(出生到青春期):力比多指向于学习基本的生活技能。

青年阶段(由青春期到40岁左右):心灵诞生。这时候,个体心理承受着问题和烦恼,决定与选择,需要适应社会生活。

中年阶段(大约40岁以后):个体更关心智慧和人生意义。这时人或多或少都能成功适应外部环境,波澜不惊有时候孕育着新的危机。

(二)新精神分析学派

新精神分析学派并不是一个统一的整体,它有许多不同观点的代表人物,理论侧重点和具体的内容都有所不同,但仍然有一些共同点,如都强调自我的自主性及其整合与调节功能,都强调文化和社会因素对人格的重大影响,都强调自尊心的培养和对未来的乐观主义态度,都强调儿童早期经验的观察与研究。新精神分析学派把潜意识的开拓性研究推向了新的里程碑,扩展了新的理论领域,加强了相关学科的联系,更是丰富了现代医学模式的内涵,从而发展了精神病学中心医学的理论和方法。限于篇幅,这里重点分析的是沙利文的人格理论。

沙利文的人格理论强调人际性,因此他的理论也常被称为人际理论。沙利文反对弗洛伊德的力比多理论,认为人格主要是由社会力量塑造的,而其中最关键的就是人际关系,包括那些发生在幻想中和记忆中的人际互动。沙利文对人性持一种乐观的态度,因而他认为人类有一种趋向于心理健康的动力,同时他也同意弗洛伊德所说的,每个人都具有降低内心紧张的动机。沙利文认为,人类因生理化学需要、睡眠需要、焦虑和表达温柔的需要而引起紧张,而要降低紧张,就得从这几个方面入手。这就是沙利文的紧张降低模型。沙利文否认心理能量的存在，只承认物理能量的存在，认为有机体通过传递物理能量完成满足需要的行动，而不是力比多。沙利文强调人格是一个动态过程，他将能量传递的过程称作动力机制。这种机制是天生的，每个人身上或多或少都有。同一个动力机制可以有多种形式：外在的，比如行走和说话；内隐的，比如白日梦和幻想，以及一些潜意识过程。

关于人格结构，沙利文反对弗洛伊德所提出的“三我”模型。在他看来，人格只是假设的实体，其组成部分是所有人际关系中的事件，因此应以人际关系为单位研究人格结构。沙利文研究人们的人际交往时，提出了一整套对于自身和他人的心理概念系统，包括人格化、自我系统、选择性忽视、非我概念。沙利文认为，个体会以人际经验为基础形成对自己和他人的习惯性印象（包括情感、态度、思维等），这一过程称之为人格化。

人格化的形象由于受到个体自我系统特征的影响，很多时候不是对自己和他人的真实表征，但是一旦建立便会具有持久的影响力，从而支配着个体对他人的态度。人格化的不合理方面在“刻板印象”上表现得尤为明显。

自我系统也叫自我动能，是指以个体的人际经验为基础建立起来的一种自我形象，为社会道德规范和文化的产物，基本作用是降低焦虑。个人的焦虑经验越多，自我系统就会越复杂，与人格其他部分的差距也会越大，从而妨碍个人对自己的行为做出客观的判断，也在某种程度上阻碍个体与他人建立起积极的人际关系。

如果自我系统遭遇到了可能威胁其稳定性的信息，它可能只是简单地忽略或者拒绝接收这些信息，沙利文称之为“选择性忽视”。选择性忽视会妨碍个体从威胁中学习经验教训的能力，因此是有害无益的。

“非我”形象也是由焦虑造成的，在潜意识里与自我系统分离。例如，儿童或者精神病患者想要逃避惩罚，就会说“这不是我做的，是我的手干的”，这就是非我。非我常常是无意识的，因此也是人格中最阴暗可怕的一面。

沙利文认为,人格发展是理解人类行为的关键。在具体阐述上,沙利文和弗洛伊德一样十分强调幼年生活经验的重要性,不过他认为个体的人格过了幼年还会继续发展。沙利文大致以社交状况把人格发展分为七个阶段,分别是婴儿期、儿童期、少年期、前青春期、青春前期、青春后期以及成人期。与弗洛伊德不同,沙利文认为的人格发展并非是性心理的发展,而是以人际关系为核心的发展。其中每一个阶段都代表着特定能力发展完成的最佳时间。

二、特质流派

特质流派的特色在于方法论上的统计学倾向,研究取向上的个体差异倾向,注重研究的实证性,促进了人格测评工具的产生。特质流派有众多的代表人物,包括奥尔波特、卡特尔、艾森克等人。限于篇幅,这里重点分析的是奥尔波特的人格特质理论。

为了精确界定人格这一概念,奥尔波特可谓是不遗余力。奥尔波特综合了神学、哲学、法律、社会学和心理学领域中有关人格的 49 种界定,并进行了比较分析,最终归纳了六类人格定义:集合式定义、整合式和完形式定义、层次性定义、适应性定义、个别性定义、代表性定义。在此基础上,奥尔波特提出了自己对人格的界定:“人格是个体内在心理物理系统的动力组织,它决定一个人对其环境独特的适应。”后来,奥尔波特把“对环境独特的适应”改为“独特的行为和思想”。在上述界定中,奥尔波特还对每个短语都进行了深思熟虑的解释,表达了丰富的内涵。

奥尔波特认为特质是人格的结构单元。他首次对特质进行了系统描述与分类。奥尔波特认为:“特质是一种概括化的神经生理系统(是个体所特有的),它具有使许多刺激在机能上等值的能力,能诱发和指导相等形式的适应性和表现性的行为。”图 3-4 显示出,焦虑特质使人们在不同的刺激情境中(如考试、独自走夜路等)表现出功能上等同的反应(如出冷汗、情绪不安等)。

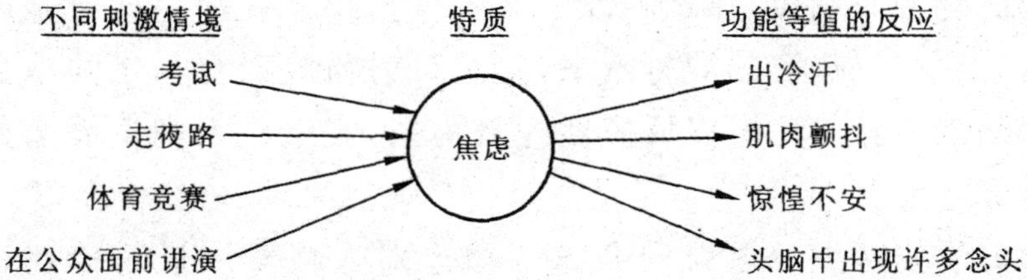

图 3-4

奥尔波特首先提出了个人特质和共同特质。顾名思义,个人特质为一个人所特有,共同特质则为许多人所共有。共同特质受社会、环境和文化的影响。后来,奥尔波特又修正了自己的说法,将共同特质称为特质,而将个人特质改称为个人倾向。

所有的个人倾向都具有动机力量(如攻击、热情等),因力量强度不同而有所区别,最强烈的成分称为动机倾向,不太强烈的则称为风格倾向。例如,人们就餐进食是受基本需要驱使的,即为动机倾向,但却有不同的进食方式,这是受风格倾向的影响。

奥尔波特认为,个体的人格既可以是反应性的(对外部刺激的反应),也可以是前摄性的(主动塑造环境并使环境对他们做出反应)。适应与改造环境是个体反应的两大主题,一个完备的人格理论必须予以考虑。因此,奥尔波特反对精神分析和各种学习理论重反应轻前摄的观点,认为一个健康的个体必然会以一种有益于心理健康的方式改造环境,而不是被动地适应环境。由此,奥尔波特提出了一个完备的动机理论的四条标准与机能自主这一重要概念。这四条标准为:动机的当前性、动机的多元性、动机的认知特征、动机的具体性。

机能自主是奥尔波特人格理论中最具特色的假说,但也颇受争议。奥尔波特说,"任何习得的动机系统中,其所含有的动力不是该习得系统发展时原有的动力,就可称之为机能自主作用"。在奥尔波特看来,人类的有些动机在机能上是独立于行为起源的原始动机的。也就是说,如果一种动机在机能上是自主的,那么它本身就是对行为的解释,因而不需要在其之外去探查别的动机，没有必要为寻找最初的原因而追根溯源。例如，如果攻击是一种机能自律动机，那么就没有必要从童年经验那里探寻施虐者的行为动机。在奥尔波特看来，儿童行为与成人行为之间本身就存在巨大差异。儿童以反应性行为为主，健康成人则发展出更多的前摄行为。

奥尔波特主要围绕自我这一概念对人格发展进行论述。人格由众多特质单元组成，而自我将众多特质单元协调为一个有机的整体。为了区别于其他心理学家的自我概念，奥尔波特提出了统我这一概念。统我包括使个人具有独特性的所有事实。奥尔波特认为，“统我”并非一生下来就有，而是后天逐渐发展起来的，需要经历一系列阶段，包括躯体我的感觉阶段（1 岁）、自我认同感阶段（2 岁）、自尊感阶段（3 岁）、自我扩展感阶段（4 岁）、自我意象感阶段（4～6 岁）、自我理智调适感阶段（6～12 岁）、统我追求阶段（12 岁至青春期）、知者自我显露阶段（成年）。在这几个阶段当中，只要一个阶段出现失败和挫折，都将会对下一阶段产生影响，阻碍自我统一的协调性整合。

奥尔波特的人格特质理论体系是面向健康人的，健康成人的人格原则上不能从动物、儿童、神经症患者的研究报告中引申出来。奥尔波特还提出了健康人格的七个特征：第一，自我意识广延。第二，人际关系融洽。第三，情绪上有安全感和自我认可。第四，具有现实的知觉。第五，专注地投入工作。第六，自我形象现实。第七，人生观统一。

第二节　生物学流派与人本主义流派研究

一、生物学流派

尽管习俗观念多年来承认生物因素在人格发展中的作用，但许多心理学家却不这么认为。几十年前，一些学院派心理学家在研究人格时，认为新生儿的人格还处于“白板”的状态，而将不同的成人人格归因于不同经验，特别是成长早期父母的不同教养方式，完全忽略了人格的遗传性因素。随着心理学研究的不断深入，遗传会影响人格这一观点逐渐被接纳，同时心理学家发现，探讨进化问题对理解人格的一些特点也很有用。因此生物学流派也逐渐兴起并发展了起来。该流派在人格研究和生物学科之间架起了一座桥梁，成功地查明了心理学家想探讨的人的行为的一些真实变量。在该流派中，汉斯·艾森克的人格理论研究，林崇德的性格、气质与遗传研究和戴维·巴斯的进化人格心理学研究较为著名，下面对其进行分析。

（一）汉斯·艾森克的人格理论研究

多年前，心理学界的习惯性观念还认为，人格来自经验。但德裔心理学家汉斯·艾森克却对传统的人格观点提出批判，认为人格主要由生物特性决定，这一理论在艾森克提出当时不被心理学家所接受，但到了今天，艾森克对个体差异的生物学因素的强调，与人们对生物学在人格中作用的认可越来越吻合了。

艾森克在研究人格时运用因素分析法将人格的所有特质归结为三个基本维度，即内外倾、神经质和精神质，从而建构了人格的基本结构。他同时指出，人格在这三个维度中并非相互排斥、非此即彼，而是经常会相互融合在一起，即每个人都在这三个维度的结构上有不同程度的表现，极少有单纯类型的人。今天，无论人格的特质或类型，神经质和内外倾都是其中的共同因素，而这两个因素的获得在很大程度上是艾森克的功劳。

内外倾维度表明了人格的基本类型。外向型的人开朗、冲动，社交活动广泛，经常参加群体活动，这类人渴求兴奋与刺激，喜欢冒险，行为冲动，凭一时兴致做出决定，完全贸然行事；内向型的人安静、退缩、内省，除对亲密朋友外，他是冷淡而保守的人，这种人非常理智，他们不是攻击性强或脾气急躁的人。这种人比外倾者更可靠，但也更悲观，他们非常强调伦理价值。

神经质维度表明了人格从异常到正常的连续特征。在该维度上得高分的人倾向于做出情绪化反应，他们的反应是外显的、反应过敏的，这种人比一般人更易激动、动怒和沮丧，有的还可能出现焦虑；而处在该维度另一端的人很少大发脾气，也较少有情绪波动，这种人不易焦虑，稳重温和，容易自我克制。

精神质表现为孤独、冷酷、敌视、怪异等偏于负面的人格特征，若在这一维度得分高者则需要进行心理治疗。

艾森克的人格理论主要围绕五个因果链进行分析（图 3-5）。

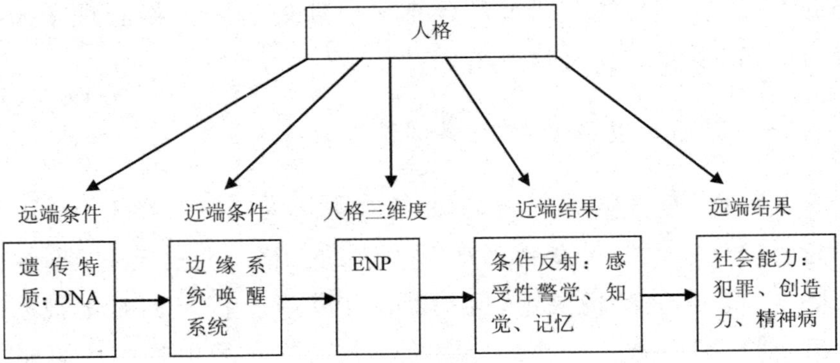

图 3-5

在这五个因果链中，第一个链条中的遗传特质 DNA 会通过第二个链条中的边缘系统和唤醒系统，影响第三个链条中的人的人格三维度，其中 E 维度（内外倾维度）中，内倾者的皮层—网状结构回路活动水平较高，因此会比外倾者享有更高程度的唤醒水平；外倾者由于皮层—网状结构回路活动水平较内倾者低，因而唤醒水平相对较低，这也导致了他们常常需要参加一些诸如聚会、冒险等的活动来不断提高自己的唤醒水平。N 维度（神经质维度）中，由于人的焦虑、抑郁等情绪与人体内的内状脑（主要是海马、杏仁体、下丘脑）等相关，因而这些情绪会表露得较为明显。P 维度（精神质维度）下人格可能是因为遗传或者环境因素不利使得个体的人格发育或发展迟缓形成的，属于一种人格发育不全。第四个链条是直接由第三个链条影响而产生的结果。第五个链是作为远端结果的社会行为。

(二)林崇德的性格、气质与遗传研究

北京师范大学林崇德教授对遗传在对人性格的影响进行了研究,他的研究方法是常见的双生子研究法,即通过同卵双生子和异卵双生子在性格、气质方面的遗传相似程度来反映遗传特质对人性格与气质的影响。根据他的研究,遗传因素对性格特征各个方面的影响,程度是不同的。其中,同卵双生子与异卵双生子在对社会、集体和他人的态度方面,在对自己的态度上,在性格、情绪方面,在性格、意志特征方面的差异都较为显著,但在品德方面却不存在显著差异。而在遗传因素对气质的影响上,在气质类型上,双方一致性的大小与他们在遗传因素上的接近程度是一致的。

此外,根据林崇德的研究,无论是同卵双生子还是异卵双生子,他们的平均总相关系数都已超过0.50,属于显著相关,遗传因素对气质的影响是很大的。

(三)戴维·巴斯的进化人格心理学理论研究

进化论在生物学领域的发展已有一个多世纪,而进化人格心理学是以进化论为基础的,它认为自然选择的过程不仅会对个体的某些生理特点产生影响,促进其进化,也会对个体的心理机制产生影响,使得那些有利于人类生存和繁衍的心理机制被保留下来,而不能应对生存挑战的则被淘汰。

戴维·巴斯的进化人格心理学理论便借用了自然选择概念解释了诸如焦虑等人类普遍存在的特征。在他看来,焦虑的产生原因之一就是社会排斥。当所有人都有从属于某个群体或加入某种关系的迫切需要时,当个体被明确拒绝或在某一关系中被排斥时,焦虑便会产生。

与此同时,巴斯的进化人格心理学理论还提出,虽然焦虑的表达方式各不相同,但它却广泛存在于各类文化中。而且导致社

会排斥的行为实际上也是那些对于人类生存不利的行为，如通奸、侵害、掠夺他人财产等。

二、人本主义流派

人本主义流派是20世纪60年代在美国兴起的一个心理学流派，因强调人的本性及其主观经验的重要性而得名，近年又有迅速发展。描述人本主义心理学是困难的，因为在目前还没有一个被普遍认可的构成人本主义人格理论的定义。虽然没有明确标准来判别一种心理治疗方法是否属于人本主义范畴，但可以确定的是，人本主义心理学包含强调个人责任、强调“此时此地”、强调对个体的现象学的关注、强调个人成长四个因素。人本主义心理学被称为心理学中的第三种力量，代表人物是马斯洛、罗杰斯等人。

(一)马斯洛的自我实现理论研究

马斯洛是人本主义心理学的主要创始人之一，他站在个体心理学的角度提出了著名的自我实现理论。该理论以需要和动机为重心和精髓，即人的基本需要应该得到满足，人的潜能也要求予以实现，这两方面的理论构成了马斯洛自我实现理论的基本框架。

在自我实现理论中，马斯洛划分了包括匮乏需要和成长需要在内的五种需要类型，并把它们放在著名的需要层次模型中，如图3-6所示。这五种需要处于一个高低显著的层次中，这就意味着只有先满足了底层的需要，才能满足上一层需要，即生理的需求→安全的需要→归属与爱的需要→尊重的需要→自我实现的需要。在一生中，大多数人是按照这个层次向上前进的，直到支配着我们行动的自我实现的需要得到满足。

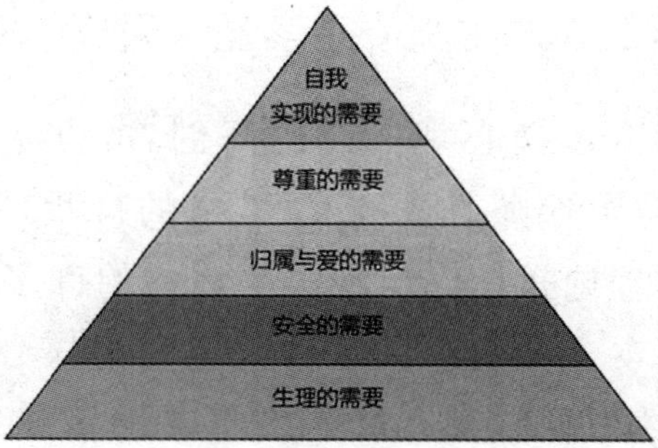

图 3-6

同时，马斯洛认为，需要有一种渐进的层次，只有低级需要基本满足后，才会出现高一级需要。在马斯洛的需要层次中，生理需要、安全需要、社会需要是人最基本的需要，只有当这些需要得到满足，人才有可能去渴望归属与爱的需要、尊重的需要和自我实现的需要。

此外，马斯洛发现，他所研究的每一个自我实现的人由于比一般人受文化规范和习俗的约束少，因而会以适合自己的方式表达其思想和愿望，而无论社会是否赞同，在表达他们的自我时，这些人的方式一般都具有一定的创造性，他们展现的往往是他称为自我实现的创造性。此外，马斯洛还发现，自我实现的人都具有“富于哲理的、无敌意的”幽默感。他们嘲笑人类社会和他们自己，但他们的幽默很少针对特定的人或群体。在这些人身上，马斯洛还发现了一个非常值得关注的特点，即高峰体验。高峰体验是一种超越一切的体验。其中没有焦虑，人感到自我与世界和谐统一，感受到暂时的力量和惊奇。这是自我实现或创造性潜能带来的最高喜悦。也就是说，产生高峰体验时，时空被超越，焦虑和恐惧消失，取而代之的是人和宇宙的统一感，是片刻间的力量感和惊奇感。

马斯洛认为，高峰体验有这样一些后效：一是能把一个人解放出来，使之具有更大的创造性、自发性和独立性；二是能对一些心理障碍或疾病产生疗效；三是可以或多或少地改变一个人对世界、自己以及他人的看法。

(二)罗杰斯的人本主义心理学理论研究

罗杰斯是人本主义心理治疗的开创者,也是推广“以人为中心”疗法的第一位治疗师,他提出了人格的自我理论,并进一步把人本主义心理学理论扩展到了社会生活中的许多领域。

罗杰斯的人本主义理论以其自我理论为核心,他从人格的基本假设(人的本性中存在着有机体趋向成长和自我实现的基本倾向)出发,阐述了人的自我实现过程,并在此基础上论述了自我的本质,总结了自我实现者或者机能完善者的人格特征。

在罗杰斯看来,自我实现是人类的一种自我趋向动机;个人顺着自我趋向,可以作适当的自由选择;除了天生的自我实现动机外,还有关怀的需要和自尊的需要两种习得的需要。同时,罗杰斯还形象地阐述了人的自我实现过程。他认为,人类有一种天生的自我实现动机,所有别的动机(从人类最基本的觅食活动到最崇高的艺术创造)都是自我实现的不同表现形式。从这一人性观出发,罗杰斯阐明了他的人格发展的动力论思想。他认为,人格由两个主要结构组成,即有机体和自我建构。有机体是人的一切经验的聚合,也是行为的“积极发动者”,会表现出一种先天的自我实现的倾向性。当某一刻有机体的行为方向总是直接或间接地反映有机体力求实现的内在潜能,这种实现倾向便会为个体的行动提供动力,使得个体做出对有机体和社会都有益的行为,从而产生积极的经验,形成健康的人格。在这里需要注意的是,罗杰斯主张不要将许多动机并列,但也不主张分别阐明每一种动机的作用,而是强调动机的单一性质。

罗杰斯的人格理论深受现象学的影响,他认为每一个人都会以一种十分特殊的方式来看待世界,这些个人特殊的知觉就构成了他们自己的现象场,即自我。自我是一个有组织的、一致的感知模式,它具有四方面的特征:一是自我是遵循知觉的一般原理对自己的知觉;二是自我是一个有组织的整体,包括很多有组织、连贯、有联系的知觉模型;三是自我是自我既能反映经验,也能影响经验;四是自我虽然也包括潜意识的东西,但主要是指有意识的或可以进入意识的东西,通常可以为人所觉察。与此同时,罗杰斯将人的自我分为现实自我与理想自我两类。其中,现实自我是指“个体对自己在与环境相互作用中表现出的综合现实状况和实际行为的意识”[①],理想自我是指“个体最希望拥有的自我,即个人向往的自我,包括与自我有潜在关联、个体赋予高度价值的感知和意义”。

像其他人本主义理论家一样,罗杰斯认为,我们会很自然地争取获得生活的最佳满足感。他把实现这一目标的人称为充分发挥功能的人,而这些人身上的特征实际上也就是自我实现者或者机能完善者的人格特征。具体来看,这些特征包括:第一,对自己的经历持开放态度,他们不喜欢陷入熟悉的生活方式中,而总是试图去寻求新的体验;第二,相信自己的感觉,他们只要认为一件事情是对的,就会努力地去做,对别人的需求他们虽然不会漠不关心,但也不会过分担忧社会给他们制定的行为标准;第三,接受并深刻而强烈地表达个人的情感,不管这种情感是积极的还是消极的,也因为如此,他们在生活中体验到的东西更加丰富多彩。

第三节　行为主义流派与社会学习流派研究

一、行为主义流派

行为主义兴起于20世纪初的美国,是心理学中非常大的一个流派。这一流派的创始人是美国心理学家华生。他在1913年发表的《行为主义者眼中的心理学》一文标志着行为主义风潮在

① 叶奕乾:《现代人格心理学》(第二版),上海:上海教育出版社2005年版,第224页。

心理学中的兴起。1924 年，他出版了《行为主义》一书。在这本书中，华生指出，心理学要想成为一门科学，就必须研究可观察到的事物，停止研究那些不能被观察到的主观内在感受(如意识、精神、情绪、思维等)。因为可观察到的事物才是合理的科学研究对象。在华生看来，如果能按照可观察的行为来界定意识、情绪、思维、期望、价值观、推理、顿悟等，那么行为主义者才会感兴趣。例如，将思维看成是言语行为的一种变体，一种“无声言语”，可以用伴随着无声言语的轻微声带振动来证明。

后来有一些研究者开始研究条件反射。对此，华生非常赞同，他认为条件反射原理是理解人类行为的关键，而人格是“我们的习惯系统的最终产物”。也就是说，在人的生活历程中，人们多多少少都以可以预测的方式对所遇到的刺激做出条件式的反应，不同的人往往有不同的反应，因此就造就了不同的人格。

美国心理学家斯金纳在华生的理论基础上，扩展了华生的理论。他把华生的行为主义的一个特殊分支定义为激进行为主义，它对华生提出的极端观点做了一小步的偏离。他认为，人的思维和内心体验是存在的。不过，他对观察到那些可以解释自己行为的内在原因有些质疑。例如，假设你用一个内在原因，如焦虑，来解释自己的行为时，你可能认为自己已经知道了引起这一行为的原因，但并非如此，因为你给出的那个原因实际上只是给你的行为贴了一个标签，并没有解释真正的原因。

在行为主义者看来，如果想了解人格的形成，就必须对条件反射的基本原理进行了解，而条件反射又分为经典条件反射和操作性条件反射。

(一)经典条件反射理论

苏联生理学家巴甫洛夫通过经典条件反射实验提出了经典条件反射理论。经典条件反射始于刺激—反应(S—R)联结。巴甫洛夫正是使用食物与唾液的刺激—反应联结证明了条件反射的存在。巴甫洛夫用狗做实验。在实验中，他对饥饿的狗给予肉末(刺激),狗总是会分泌唾液(反应)。由于这一刺激—反应联结没有经过巴甫洛夫的任何条件作用就存在,所以肉末可被称为非条件刺激,分泌唾液可被称为非条件反射。后来,巴甫洛夫把旧的非条件刺激与新的条件刺激进行配对,他每次给狗呈现肉末时,就同时摇铃。肉末与铃声同时出现几次后,巴甫洛夫只响铃而不给肉末。结果,狗听到铃声也会分泌唾液。此时,分泌唾液就成了一种条件反射。经典条件反射过程如图 3-7 所示。

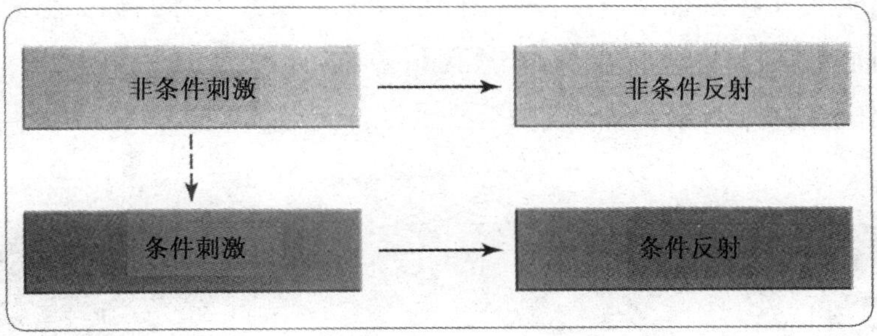

图 3-7

很显然,新的刺激—反应联结一旦建立,就可以作为条件来建立其他的刺激—反应联结。例如,你把灯光与巴甫洛夫的铃声配对,几次之后,狗看见灯光也会分泌唾液。这就出现了次级条件反射概念,即在一个条件反射基础上建立的另一个条件反射。一般来说,由于人类的社会经验丰富,因此人类能够建立多级条件反射。

当然,经典条件反射理论也有它的一些局限性。例如,如果让一个新的刺激—反应联结持久存在,就必须把非条件刺激和条件刺激时时配对呈现,或进行强化,否则条件性的刺激—反应联结就会逐渐消失。例如,给已经形成条件反射的狗听铃声,不给肉末,到后来,狗即使听到铃声也不会分泌唾液了。

(二)操作性条件反射理论

操作条件反射理论是由斯金纳所创造的。斯金纳与其他行为主义者一样,关注人的行为,而不感兴趣人的内部机制。不过,经典条件反射是从已经存在的刺激—反应联结开始的，而操作条件反射不同，它是从有机体自发的行为开始的。

斯金纳也以动物为实验对象，他通过设计的"斯金纳箱"（图3-8）来观察动物的行为。在实验中，他把一只饥饿的老鼠放在"斯金纳箱"中，当老鼠偶然踩在箱内的杠杆上时，就给予其食物，强化它这个动作。经过多次反复，老鼠会自动踩杠杆而获得食物。在此基础上，他进行了一定的改变，在某一特定信号（如灯光）出现时，老鼠如果做出踩杠杆的动作，就给予食物。这种动物必须通过自己主动的操作才能获得食物所形成的条件反射，被称为操作性条件反射。

图 3-8

在这个实验中，老鼠踩杠杆的频率和时间间距完全由自己决定，实验者则很方便地控制给予食物的频率和时间间距。

操作性条件反射比较关注某种类型的结果对行为出现频率的影响。在操作性条件反射的研究过程中，学者们还发现了两种增加行为频率的基本强化法，即正强化和负强化（表3-2）。正强化，主要是在行为后面给予奖励，这能够使个体的行为频率增加。当老鼠踩到踏板时给食物，老鼠就会不断地踩踏板，这就是正强化的效果。负强化，主要是在个体行为出现时撤销或减少不愉快的刺激，这也能够增加其行为频率。当老鼠在遭到电击时拉绳子就能回避电击，那么老鼠就会很快学会拉绳子，这就是负强化的效果。

表 3-2 操作性条件反射程序

程序	目的	应用
正强化	增加行为	行为之后给予奖励
负强化	增加行为	行为之后撤销厌恶刺激
消弱	减少行为	对行为不施加奖励
惩罚	减少行为	行为之后给予厌恶刺激或撤销正面刺激

在操作性条件反射的研究中，学者们也发现了两种减少不希望出现的行为的方法，即消弱和惩罚（表 3-2）。消弱是指对个体出现的行为不给予奖励，使个体的这种行为减少；惩罚是在个体出现某种行为后撤销正面刺激。惩罚虽然对减少不希望出现的行为有效，但也容易在无意间强化行为。例如，教师在全班同学面前批评课堂上纪律不好的学生，结果这个学生得到了其他同学的注意（以嘲笑方式呈现的注意），这就有可能强化这个学生的行为。所以，惩罚也要注意方式方法，如果教师在课后单独批评学生，就不会有那样的强化效果了。

总的来说，惩罚的有效性是有限的，这主要出自以下一些原因。

(1)惩罚只是减少了不合乎希望的行为的发生率，而不能让人学到恰当的行为。所以说与其简单地惩罚一个犯了错的学生，不如教他做正确的事的方法。

(2)惩罚可能带来一些消极影响。有时候，实施惩罚的人本意是消弱某一行为，但受罚的人可能会把其他行为与惩罚联系起来，从而无端消弱一些良好的行为。此外，惩罚还会带来诸如恐惧、焦虑等消极情绪，强烈的消极情绪会阻碍一个人学习正确的行为。

(3)惩罚及时且前后一致才有效。例如，面对孩子的一个问题行为，父母应该尽快地实施惩罚，而应过一段时间再惩罚。此外，惩罚还应保持前后一致，也就是说在每一次不合希望的行为出现时都给予惩罚，而不是对同一个问题行为有时给予惩罚，有时不给予惩罚。

如果个体在每个不同情境都需要学习一种新反应，操作性条件反射好像就有局限性了。其实不然，因为有泛化。举个例子来说，被训练去啄大红圈而得到食物的鸽子也会去啄玫红色的小圈，尽管这种情况并不频率发生。这一过程就称作刺激的泛化。这就使人格特点会有跨情境的泛化得到了很好的解释。例如，一个孩子由于对亲戚的礼貌行为而得到了父母的夸奖，那么其很有可能也对新的陌生人有礼貌。当孩子的这一礼貌行为不管在什么情境中都稳定发生时，这种行为方式就成了这个孩子人格的一部分。

除了泛化，还有分化这一说。分化，就是指个体对不同刺激做出不同的反应。举例来说，如果在鸽子啄橘黄色圈没有得到奖励，它很快就能学会把有奖励的刺激和无奖励的刺激加以分化，只去啄红圈。分化引出人的辨别行为。人在知识的学习中，只有经过辨别学习，才能使学习精确化，从而在真正意义上掌握知识。人的人格特征，如谦虚、礼貌、勇敢等，其实在很多时候也是在辨别学习中形成的。

总体上来说，经典条件反射和操作条件反射的基本原理一致，都以强化和有机体神经系统的正常活动为条件，只是在形成经典条件反射的过程中，个体常常是被动地接受刺激，而在形成操作性条件反射的过程中，个体往往通过主动操作来达到一定的目的。此外，在经典条件反射中，强化与刺激有关，出现在反射之前；在操作性条件反射中，强化和操作（反射）有关，出现在反射之后。就这两种条件反射的实际应用来看，操作条件反射的应用价值更具有广泛性。例如，在学校教育中，教师一般都希望让学生在自由的状态中，通过自己的活动主动掌握知识。所以，操作性条件反射理论更有利于解释人格的形成与发展。

二、社会学习流派

20 世纪五六十年代，人们开始质疑经典条件反射和操作性条件反射，觉得人类的所有学习未必都是经典或操作性条件反射的结果。班杜拉就指出："如果人只能从尝试与错误的结果中学习，如果不教孩子们学游泳，不教青少年开汽车，医学院新生凭着自己从成功和失败的结果中发现必需的技能，借此来做手术，那么人类生存的前景将是黯淡的。"此外，思维、态度这样的"内部"过程为何不能像外显行为那样被条件化也成了一个重要的疑问。于是，在对传统行为主义的质疑中，社会学习理论诞生了。社会学习流派的主要代表人物有罗特、米勒、多拉德、班杜拉等。以下我们主要对罗特和班杜拉的理论进行一定的阐释。

（一）罗特的行为预期和控制点理论

朱利安·罗特是非常有影响力的一个社会学习理论家。他强调，人类行为的原因往往十分复杂，低等动物远不能及。他提出了一些"不可观察的"概念来解释人类的行为和人格。

1. 行为预期理论

罗特认为，在一种情境中，个体可以有多种行为选择，每种潜在行为与一种后果相关，这种后果有一种与之相联系的强化价值。此外，个体能够预测每种行为的可能后果。

罗特指出，预测人的可能后果的关键在于每种选择的行为潜能。所谓行为潜能，就是指某行为在特定场合出现的可能性。每一种可能的反应都有不同的行为潜能。行为潜能的强度主要由期望与强化值决定。行为潜能、期望与强化值形成了图 3-9 的等式。

行为潜能 (BP) ＝ 期望 (E) ＋ 强化值 (RV)

图 3-9

所谓期望，就是你在做出某一行为之前进行的估计。例如，在商量是否要参加一次排球比赛时，你会仔细想想它能否让你玩得开心。人的期望主要基于过去在相似情境中的情况如何。如果打排球总能让你玩得开心，你对参加排球比赛就会抱较高期望。

所谓强化值，就是我们偏好一种强化胜过其他强化的程度。一般情况下，人们是根据不同的情境来赋予某种结果的强化值的。当我们独自一人时，与人交往的强化值就高于不交往的强化值。不过，每个人总有一些特别看重的强化物，其他强化物是不能比的。

根据上述的等式，个体最终确定的自己要做的行为就是强化物的价值和期望最大程度的结合。

2. 控制点理论

在罗特的理论中，控制点也是一个很重要的概念。罗特认为，每个人都可以在被称为控制点的连续体上找到自己的位置。处于这一维度一端的人是极端的高内部控制者，他们觉得自己的努力决定着发生在自己身上的事；另外一端的人是高外部控制者，他们觉得不可控的外力决定着发生在自己身上的事，如命运、运气、机会、有影响力的人物或其他外部力量。由此可以看出，外部控制者对事件有一种无助感，预期个人努力不会带来什么变化。

在实际生活中，极端的内部控制者和极端的外部控制者是非常少的，一般都是相对内控或是外控。罗特还专门设计了一个内—外控制量表，用来测量个体对内外控制的信念。这一量表开始运用非常广泛，后来影响力有所下降，因为控制点量表比人们最初想象的要复杂。

(二)班杜拉的社会认知理论

班杜拉是社会学习理论流派的突出代表人物。他反对行为主义者对人的一些描述，认为其忽视了人类行为的一些最重要的原因。由于班杜拉认为的这些被忽视的东西与思维和信息符号加工有关，因而他将自己的理论称为社会认知理论。

1.观察学习

观察学习最先由米德提出，多拉德和米勒也进行了研究，但是班杜拉对其进行了系统研究和阐述，使其成为他的社会认知理论的核心。在班杜拉看来，一个人通过对别人的行为进行仔细观察就能够学习到别人的复杂行为。这种学习不依赖强化，与行为主义的学习理论不同，是一种新的学习理论。当然，班杜拉也提到强化，但与行为主义的强化有所不同。

班杜拉曾做了一个儿童攻击行为的观察实验。在实验中，被试是 66 名 4 岁儿童(男女各半)，随机分为 3 组，每组 22 人，然后将 2 名录像中的成人男子作为榜样，让儿童观看同一攻击行为的不同对待。第一组看到的是，成年人采取攻击行为后，受到另一个成年人的夸奖，还获得一些零食；第二组看到的是，成年人采取攻击行为后，受到另一个成年人的指责，还打他。迫使他低头逃避；第三组看到的是，一个成年人采取攻击行为后，什么都没有得到，既没有奖赏，也没有惩罚。之后，让儿童处于与录像相同的实验情境中，让他们玩 10 分钟，观察他们的行为。结果发现，第二组的儿童与其他两组儿童相比，几乎没有什么模仿，但是给予足够的诱因(如告诉他们只要能模仿观察行为的可以得到零食)，三组儿童之间都有了一定的攻击行为。实验证明，强化只影响表现，在没有强化的情况下，学习仍会继续。

在观察学习中，班杜拉非常强调替代强化和榜样的作用。替代强化就是指学习者看到他人行为受奖赏或惩罚时，就会增强或抑制发生同样行为的倾向。榜样的作用是无穷的。班杜拉认为，在人们的观察中，如果给予一定的范例引导，能使人们做出范例中的行为。所以，在教育过程中，教育者应当注意为受教育者提供学习的楷模或榜样。

2. 交互决定论

班杜拉认为,行为由内因和外因共同决定,当然,行为也并不是由二者的简单结合决定。班杜拉提出了交互决定论概念。这一概念主要指出,内因(观念、思想和期望等)和外因(奖励、惩罚等)是一个相互作用的影响系统中的一部分,它不仅对行为产生影响,也对系统中的其他部分产生影响。例如,有一个你不喜欢的人请你一起打网球。你能够想象和这个人待着很可能非常无趣。因此,你可能拒绝邀请。但是,这个人答应,如果你和他一起打网球,他就给你买一副你心仪已久的、昂贵的新球拍,这很可能就会使你答应他的邀请。很显然,外部诱因的强大力量战胜了内部因素。

交互决定论过程如图 3-10 所示。在图中,箭头都是双向的,表明模型中的三个变量都可能影响其他变量。到底哪一变量影响哪一变量主要取决于每一变量的强度。有时外因最强,有时内因占支配地位。与传统行为主义的行为模型相比,这一行为模型显然不同。

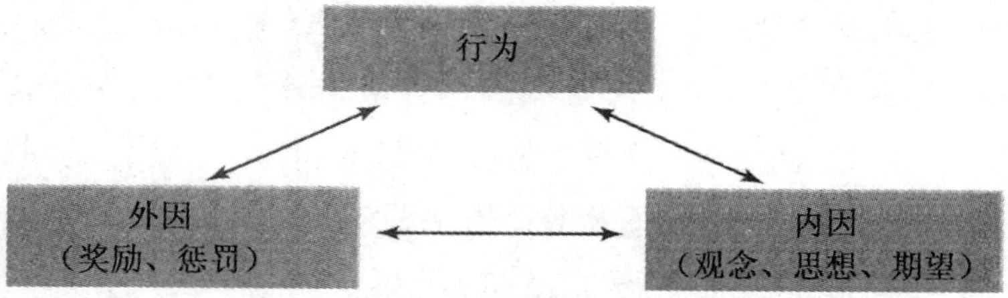

图 3-10

3. 想象与自我调节

在班杜拉看来,人用符号和预见来指导未来的行为,这与低等动物是不同的。当人在面对一些事情的时候,会想象可能出现的结果,会估计自己是否能够做到,会设置一定的目标并想出实现目标的办法。这些想象都是在人的头脑中进行的,而不是随机地行动。

班杜拉还认为,人们的日常行为主要由自我调节的机制所控制。虽然人们往往会争取得到外部奖励,但也会为获得内部奖励而努力实现自己制定的目标。例如,业余长跑爱好者为完成比赛而带来的成就感和自我价值感鼓励自己参加比赛。当然,自我调节也包括自我惩罚。这种情况主要发生于人们没能坚持个人标准时。例如,你会因为没有坚持节食而惩罚自己,虽然别人不会在意。总之,人们的很多行为是自我调节的结果。

4. 自我效能

自我效能理论是班杜拉社会认知理论的逻辑延伸。班杜拉对于自我效能的理解有一个发展过程,前期他认为,自我效能就是一种能力的预期和信念,是一种认知因素,强调个体用其拥有的能力能够做什么。后期他认为,自我效能是个体对其组织和实行达到特定成就目标所需要行动过程的能力的信念。

在班杜拉看来,人们只有做出明确的决定并付出必要的、加倍的努力,才能改变自己的行为。例如,一个人想要戒烟,可总是戒不掉,一个很大的原因就是他们认为自己戒不掉烟。如果确信自己能够戒掉烟,那么才会戒烟。班杜拉基于此指出了效能期望与结果期望的不同,效能期望是人认为自己能够带来特定结果的程度。

班杜拉认为,效能期望比结果期望能更好地预测行为。如果学生认为自己不可能取得好成绩,他们就不大可能努力学习。通过研究,班杜拉还发现,自我效能主要由以下几个因素决定。

(1)亲身掌握经验。这是最重要的一个因素。一般来说,过去成功地获得某结果的经验,那么个体就会有比较高的自我效能感,如以前跳水成功过,那么再次跳水就没那么恐惧,觉得自己还是能成功。过去失败的经历可能使个体有较低的自我效能感,如以前爬梯子掉下来过,那么他可能就不敢爬梯子了,觉得还会掉下来。

(2)替代经验。一个人观察他人的成功和失败,能够影响自己的效能期望。例如,看到别人演讲成功,会使我们从“我讲不了”转变为“我可能能行”。也就是说,当你对自己说“她行,我也能行”时,你就通过替代经验提高了自己的自我效能感。

(3)言语说服。人们在从事一项工作时会受周围人的态度和信念的影响。例如,一个人不愿意去跟领导抗争,此时如果让他尊敬或是彼此友好的人鼓励他,就会提高他的自我效能感。

(4)生理与情绪状态。生理和情绪状态波动大,会降低个体的自我效能感。例如,一个刚入职的员工和领导谈想法之前,心跳加速、手心出汗,觉得紧张无比,她可能就认定自己做不好这件事。但是,如果她镇定自若,很平静,就会断定自己很勇敢,会做好这件事。

班杜拉的自我效能概念已经成功运用于健康心理学。个体提高自我效能感,往往有利于身心健康。此外,自我效能理论还告诉人们在应对生活道路上的挑战和困难时,应当相信自己能够做出改变和能够取得进步和成功。

第四章 人格的发展与成因研究

人格的形成与发展过程，就是个体生命逐渐由生物人、自然人转变为道德人、社会人的过程。而且，个体生命只有顺利完成了这一过程，才能形成健康的心理与行为方式。因此，人格的发展与成因是人格心理学研究的两个重要主题。在本章内容中，将对人格的发展与成因的相关内容进行详细阐述。

第一节 人格的发展

在人格的发展研究中，往往会包括人格发展的阶段、人格发展的问题和人格发展的历史规律这几个方面的内容。

一、人格发展的阶段

对于人格发展的阶段，不同学者有着不同的观点。但总体来说，人格发展都会经过以下几个阶段。

（一）胎儿期的人格发展

胎儿在母体中生长与发育时，并非是母亲身体的一部分，而是在母亲的子宫内暂住。也就是说，未出生的胎儿也是独立的个体。据相关研究表明，胎儿的基因模式是自己特有的，神经系统和血液循环是自己独有的。但是，这并不意味着胎儿的发展不会受到母亲的影响。实际上，母亲的情绪和心理健康状况，将对胎儿以及胎儿人格的形成与正常发展产生重要影响。具体来说，当母亲情绪不佳、焦虑、紧张时，生出的孩子大多有易激动、多动症、爱哭闹、喂奶和睡眠困难等特征，而这些会导致其日后出现独特人格。

由以上论述可知，一个人在胎儿期的人格发展，主要是受母亲影响的。

（二）婴儿期的人格发展

依据美国心理学家马丁·塞利格曼的研究，婴儿在出生后，便会开始与环境进行复杂且相互的“共舞”过程，且会一直持续到童年时期。同时，婴儿与环境“共舞”的结果，会影响到其未来的人格发展。

具体来说，婴儿对刺激做出一种行为反应时，有可能会导致环境发生某种变化，也可能不会导致环境发生任何变化。对于自己的行为与获得的结果之间的关系，婴儿会以其原始水平为基础进行“计算”，若是两者之间没有联系，则婴儿会意识到自己的反应不会起作用，继而会停止做出反应，并导致无助感产生；若是两者之间有联系，则婴儿会认为自己的反应产生了作用，长此以往便会意识到动作与结果之间存在着一定的同步性，继而在日后会积极进行反应。也就是说，婴儿无助感的产生，是因为其动作与结果之间缺乏同步性。而婴儿一旦产生了无助感，便会导致消极思维、焦虑情绪等的出现，无法形成健康的人格。

由以上论述可知，一个人在婴儿期的人格发展，主要是受父母影响的。

（三）幼儿期的人格发展

依据相关研究，一个人的人格发展的关键期或者说敏感期是在5岁左右。在这一时期，幼儿对环境是十分敏感的，而且极易受到环境中不良经验的影响。而幼儿一旦获得了不良经验，则其日后的发展包括人格发展就会深受这些不良经验的影响。

由以上论述可知，一个人在幼儿期的人格发展，主要是受父母及周围人影响的。

（四）学龄期的人格发展

儿童在进入学校后，会发现自己不再是最重要的人，而且给予自己奖励的人除了父母之外还有教师。同时，学龄期儿童的人格发展，深受同伴或同学的影响。此外，学龄期儿童的发展，还会受到自身发展特征的影响。具体来说，一个长相漂亮的女孩会比一个长相普通的女孩获得更多人的好感；一个高个子、大力气的男孩会比一个矮个子、小力气的男孩获得更多尊重；有着开朗的性格、较强的进取心的孩子往往能够成为领袖，而自卑、羞怯的孩子往往只能跟随领袖。

由以上论述可知，一个人在学龄期的人格发展，受父母的影响越来越小，受同伴或同学的影响则越来越大。

（五）青春期的人格发展

儿童在长到十二三岁时，便开始进入了青春期。在这一时期，儿童的身体会快速增长，心理也会发生较大变化。而且，对于一个人来说，一生中会发生最大心理起伏的时期便是青春期。由于人格的发展与心理发展水平有较大关系，因而要高度重视儿童在青春期的人格发展。

儿童在青春期时，随着身体的迅速变化，自我意识也会发生一定改变。具体来说，儿童在青春期时，对自己的身体、容貌的意识会越来越强烈，并会因身体、容貌上的一些小瑕疵而过分担忧，继而可能产生自卑感，不利于人格的健康发展。与此同时，儿童在青春期时，往往会面临较大的情绪压力，而只有顺利缓解并消除这些情绪压力，才可能形成健康的情绪，继而促进良好人格的形成。

儿童在青春期时，性意识、性欲望以及对两性关系的认识也会进一步增强，且自身人格的发展会深受其影响。例如，一个有正确的性意识、合理的性欲望的人,很少会出现心情沮丧、情绪低落、焦躁不安的表现;而一个性欲很高且无法得到有效排解的人,往往会面临较多的心理冲突,继而导致不良情绪出现,影响其人格的正常发展。

(六)成年期的人格发展

一个人在进入成年期后,会面临多方面的任务,其中最为重要的有两个:一是成就事业;二是组建家庭,养育后代。在这一时期,一个人若是能事业有成、家庭幸福并良好地平衡事业与家庭的关系,则其通常会形成健全的人格,否则人格的发展便会受到限制。

(七)老年期的人格发展

一个人在进入老年期后,会逐渐从工作中退休,儿女也会离开自己组建新的家庭,这时很多人会感到孤独、无所事事,继而情绪低落。但是,也有很多人能及时进行心态调整,并发展一些新的兴趣,从而使自己心情愉悦,拥有一个幸福的晚年。

二、人格发展的问题

有关人格发展的问题,可以细分为三个方面,即基本问题、一般问题和具体问题。

(一)人格发展的基本问题

人格发展意味着人格不是一成不变的,而是会发生一定的变化。但是,在对人格进行研究时,其基础是人格的稳定性与一致性。很明显,人格发展与人格研究的基础是相矛盾的。由此,人格发展的基本问题便出现了,即人格的稳定性与人格的可变性。

1.人格发展基本问题的描述

人自出生的那一刻起,便会不断地进行发展与变化,并逐渐成长为成熟、完善、健全的个体。在这一过程中，人格的发展会深受环境以及教养的影响，继而发生一定的改变，这是毫无疑问的。但是，人格的稳定性和一致性也是毋庸置疑的。依据相关研究，婴儿在出生时便会表现出一定的气质，而且这种气质在其一生中都会有所体现。此外，以这种先天气质为基础形成的其他人格特征，也是相当稳定的。由此，人格发展便呈现出了稳定性与可变性的矛盾。

2.人格发展基本问题的主要内容

人格发展基本问题，具体来说包括以下几方面的内容。

(1)随着时间的推移，人格会呈现出多大的稳定性。

(2)人格的稳定性主要出现在什么时候，出现在哪些方面。

(3)人格稳定性在不同的个体之间，是否存在一定差异。

(4)人格变化是质的变化还是量的变化。

(5)人格在某一特征或某一方面的变化，与人格整体结构的变化是否有密切联系。

(二)人格发展的一般问题

人格发展的一般问题，具体来说有以下几个。

1.人格发展与先天因素的关系问题

人类的行为主要是社会行为，与动物的本能行为是不同的。而且，人类的社会行为几乎都是依靠学习获得的，因而无法预测一个人在出生后是会弹吉他还是会书法，在长大后是会成为文学家还是成为科学家。由于一个人的人格深受其社会行为的影响，因而人格发展受先天因素的影响是比较小的或者说比较有限的。

2.人格发展与后天教养的关系问题

人在出生后，并不能直接独立，而是要大致经过10年或是更长的时间才能逐渐独立。因此，人在独立前的人格发展，会深受他人特别是父母的影响。当然,人即使在独立后,其人格发展也会经常被他人所影响。

3. 人格发展的趋势问题

个体的人格发展趋势,会遵循一个共同模式,如都会经历某些发展阶段、在相同的发展阶段内会呈现出一些共同特点等。但是,不同的个体之间又存在着一定的差异,因而个体在人格发展趋势上也会呈现出差异性。

4. 人格发展的连续性问题

人格发展并不是断断续续的,而是一个持续的过程,而且后期的人格发展都是以早期的人格发展为基础的。虽然前面将人格发展分成了若干阶段,实际上这些阶段之间的分界线并不明确,因而是有机联系在一起的。

(三)人格发展的具体问题

有关人格发展的具体问题,这里着重阐述一下个体在婴儿期和幼儿期的人格发展所面临的具体问题。

1. 婴儿期人格发展的具体问题

婴儿期人格发展的具体问题,主要有以下几个。

(1)进食与依赖性问题

弗洛伊德和艾里克森认为,个体在婴儿期时,最为主要的欲望便是口腔欲望,同时会以此为基础与母亲或其他抚养者形成信任或不信任的关系,而这会对个体今后的人格发展产生重要影响。

对于婴儿来说,其最主要的活动便是进食,因而所获得的经验也是与进食有关的。当婴儿的口腔欲望得到及时且适度的满足时,其对周围的人以及周围的世界便会感到信任,否则便可能产生敌意。此外,婴儿在最初的时候,也会将依赖性与进食相联系，因而对能够为其提供事物的母亲有着较大的依赖性。而婴儿在这一时期形成的对母亲的生理依赖，有可能导致其以后形成依恋心理。

(2)环境刺激与人格发展问题

据相关研究表明，婴儿期的问题主要有两个：一是进食问题；二是视觉注意问题。而且，婴儿的大脑皮层在丰富的环境刺激与社会刺激之下，会更好地进行发育与成熟，从而使婴儿的社会反应倾向得到大大增强；而婴儿的微笑、发生等社会反应，又会促使母亲或其他抚养者进一步去引逗他，两者相辅相成，便促使婴儿的依赖性获得进一步加强。此外，婴儿在获得丰富的环境刺激后，往往能够促使自己形成健全的人格，而单调的环境刺激则会对婴儿人格的健全发展产生不利影响。因此，有经验的父母在这一时期通常会精心布置婴儿的小卧室，以便婴儿能够获得丰富的环境刺激。

(3)社会性依恋问题

对于婴儿来说，与抚养者形成良好的情感纽带即社会性依恋是其面临的一项重要任务。一些研究者认为，抚养者的喂养行为是导致婴儿产生社会性依恋的根源。也有一些研究者认为，抚养者的喂养行为并不是婴儿依赖行为产生的唯一根源，婴儿与抚养者间的舒适身体接触也是影响其形成依赖的关键因素。由于在这一时期，母亲往往能够将婴儿照顾得更为舒适，因而其对母亲的依恋通常是比较强的。

2. 幼儿期人格发展的具体问题

幼儿期人格发展的具体问题，主要有以下几个。

(1)排便训练问题

从婴儿过渡到幼儿时，十分重要的一项活动便是排便训练。依据心理学家的研究，排便训练是儿童面临的最早的寻求快乐与社会约束之间的冲突，或者说是心理冲突。

在幼儿期时，父母最为重要的一项任务就是帮助儿童形成规律性的排便习惯。若是父母在完成这一任务时带有厌恶感、羞耻感或是焦虑情绪，则会导致儿童在排便训练中产生极大困难，还可能出现肠胃不适；若是父母强迫儿童进行排便，则会导致儿童产生强迫型人格，不利于其人格的健康发展。

(2)攻击性问题

在幼儿期时，儿童身上特别容易出现攻击性行为。所谓攻击，就是对他人施加伤害或损伤的行为。也就是说，攻击性行为的发生，是以受害者的存在为前提的。举例来说，当孩子破坏他自己的玩具时，父母一般不会制止；但是当他破坏其他小朋友的玩具时，父母通常都会制止，于是斗争产生了。

儿童在幼儿期的攻击性行为，主要是通过观察与模仿习得的，此外父母对待子女的方式也影响着儿童攻击性行为的产生，如父母对孩子的体罚，会使儿童习得以大欺小行为。因此，父母在这一时期要特别注意自己的言行，以便儿童行为的健康发展。

(3)性问题

在幼儿期时，儿童不可避免地会遇到性问题。这一时期的儿童对环境有着强烈的探索兴趣，同时对自己的身体也会积极进行探索，因而会出现玩弄自己生殖器官的行为，并会逐渐认识到性体验最为主要的根源便是生殖器。对于儿童的这一行为，父母或其他抚养者若不是进行积极引导，而是一味指责、斥责，则很可能导致儿童出现焦虑或过度抑制，而这是适应不良的一种早期表现。因此，在幼儿期，对儿童进行早期的性教育也是十分重要的。

(4)好奇心问题

儿童自出生时刻起，便具有了好奇心。也就是说，好奇心是儿童与生俱来的。此外，好奇心是儿童的创造性发展和人格发展的基础。父母在对儿童的好奇心进行满足的同时，也促进了儿童人格的发展。因此对于父母来说，及时有效地对儿童的好奇心进行满足是十分重要的。

这里需要特别指出的一点是，儿童好奇心的满足是很难进行把握的，但与父母为其提供的刺激与指导有着重要关系。也就是说,父母要以儿童的实际需要为依据,为其提供积极的刺激与指导。

三、人格发展的历史规律

据相关研究表明,人格发展是遵循着一定的历史规律的,具体来说有以下几个。

(一)与社会历史运动统一的人格化运动规律

人格从人类成长史的角度来看,会经历一个从无到有、从低到高的历史发展过程,这就是人格化运动。所谓与社会历史运动统一的人格化运动规律,就是既包含着个体性又包含着社会性的个体人格,会随着人的历史生成与发展而使自己的社会内涵不断得到丰富。因此,人格化运动与社会历史运动之间存在着必然且本质的关系,并伴随着经济社会形态的历史更替而不断向前发展。

(二)与人的类性发育同步的类人格生成规律

“类”这一概念的一般意义,是表明事物之间具有一定的普遍性、统一性、共同性等。而“类”运用于人时,有两个最基本的含义:第一,表示人的共同本质或是一般属性;第二,表示存在个性差异的“类生命”。而人的类生命本性,就是人通过社会性交往实践而获得的社会本性。在其影响下,个体便成为有着独特人格的社会成员。因此,人的类生命本性会经历一个不断创生和发育的过程,继而形成普遍性、群体性与个体性、差异性的统一。

由于人格化运动的最高标志,便是群体性与个体性达到完全辩证统一的类主体人格,即类人格。因此,人的类生命本性,从某种程度上来说就是人格性。而且,类人格的发育与人的类性发育是同步的。

第二节　人格的成因

人格的形成，是遗传和环境相互作用的结果。具体来说，影响人格形成的因素主要有以下几个。

一、遗传因素

所谓遗传，就是亲代的一些特性借助于基因在子代中有所表现的现象。当前，大多数的心理学家都认为，遗传因素在人格的形成中有着十分重要的作用。同时，有关人格的遗传因素研究在血型、气质、神经递质、生理调节等方面都取得了一定的成绩。

由高尔顿首创的双生子研究，被认为是对人格遗传因素进行研究的最佳办法。双生子分为同卵双生子和异卵双生子两类，因而在进行双生子研究时要遵循一定的原则，即同卵双生子的遗传因素是完全相同的，因而他们之间出现的任何差异，都是环境因素造成的；而异卵双生子的遗传因素并不是完全相同的，但在环境上有着很多的相似性，因而可以对影响异卵双生子的环境进行控制。在这一原则之下进行双生子研究，就可以得出不同的基因在相同的环境下的具体表现。

根据这一研究，最终得出在人格的形成与发展中，遗传因素有着十分重要的影响，而且遗传因素在对人格产生作用时会因人格特征的不同而有所差异。

二、个人早期经验

中国有句俗语："三岁看大，七岁看老。"由此可以知道，一个人在早期所经历的事情，会对其人格发展产生重要的影响。

心理学家雷诺·斯毕兹通过研究孤儿院的儿童，发现这些很早便被剥夺了母亲照顾的孩子，在长大后各个方面的发展相比有母亲照顾的孩子来说，都比较差。同时，还有一些幼儿患上了失怙性忧郁症，哭泣、退缩、表情木然是其最为鲜明的表现。

心理学家伯恩斯坦通过研究发现，被抛弃的孩子都会有一定的心理疾病，并且其人格会带有鲜明的攻击、反叛特征。

心理学家艾斯沃斯通过研究婴儿在陌生情境中的依恋问题，发现，婴儿的依恋模式主要有三种：一是安全依恋，二是回避依恋，三是矛盾依恋，而且不同的依恋模式对其未来的人格发展有不同的影响。其中，早期安全依恋的婴儿在长大后，通常会形成高度的自尊与自信，树立较高的目标，拥有较小的依赖性，容易与同伴建立良好的关系。

心理学家鲍尔毕通过调查成长于非正常家庭的儿童与流浪儿，发现婴儿在婴儿期和幼年期能否与母亲建立起稳定而和谐的亲子关系，将决定着其能否形成健康的心理。

通过以上论述可以知道，个人早期经验会对其人格产生重要性，即良好的个人早期经验有助于健康人格的形成，而不良的个人早期经验会导致不良人格的形成。当然，个人早期经验与人格之间并不存在完全对象的关系，因而逆境可能使人形成坚毅的性格，而溺爱可能使人形成不良的人格。此外，个人早期经验并不能决定人格，而且是否会永久地影响人格也是因人而异的，因为正常人随着年龄的增长以及心理的成熟，受童年的影响会大大减少，所以个人早期经验不可能始终对人格产生影响。

三、社会文化因素

人自出生时刻起，便会处于特定的社会文化之中，并被特定的社会文化深刻影响。因此，人格的形成与发展，深受社会文化的影响。

(一)社会文化对人格的影响力

社会文化对人格的影响力大小，主要与以下几方面的因素有着重要关系。

1.社会对顺应的要求

社会文化对人格的影响力,与社会对顺应的要求有着密切的关系。具体来说,当社会对顺应的要求越严格时,社会文化对人格的影响力就会越大,反之则会越小。

2.行为的社会意义

社会文化对人格的影响力,与行为的社会意义也有密不可分的关系。通常来说,当行为的社会意义不大时,社会会容许其具有较大的变异,因而社会文化对其制约作用会比较小,即社会文化对人格的影响力比较小,反之则会比较大。

(二)社会文化对人格的塑造

社会文化具有塑造人格的功能,并使其成员的人格结构呈现出大致相同的发展方向。而相似的社会成员人格结构,使得社会能够在稳定中逐步向前发展。此外,社会文化对人格的塑造功能,主要表现在以下几个方面。

1.民族性格对人格的塑造

社会文化对人格的塑造功能,反映在不同文化的民族或是不同的地域会呈现出固有的民族性格或是不同的文化传统。举例来说,米德等人通过对新几内亚三个民族的人格特征进行深入研究,发现不同的民族即使来自相同的祖先,也会呈现出不同的民族特色。具体来说,在山丘地带居住的阿拉比修族,对男女平等是十分推崇的,而且成员间互敬互爱、团结合作、平等地生活,因而这个民族的成员不存在争强好胜、恃强凌弱的行为;在河川地带居住的孟都古姆族,狩猎是其最主要的生存方式,男女之间会因为地位、权利等而发生争斗,因而这个民族的成员表现出较强的攻击性和嫉妒心、容易争强好胜等人格特征;在湖泊地带居住的张布里族，男女之间有着明显的角色差异，其中作为社会主体的女性每日都在辛勤地劳作，并将经济权利牢牢地掌握在自己手中，因而会呈现出自主、支配、刚毅等鲜明的性格，而处于社会从属地位的男性主要参与的是祭祀、艺术、工艺等活动，还负责对孩子进行养育，因而会呈现出自卑的性格。

2.价值观对人格的塑造

不同的社会文化，有着不同的价值观取向。而价值取向不同，对人格的影响也会有所差异。德国心理学家斯普兰格以人类的社会文化生活形态为依据，将人划分为六种人格，而且每一种人格类型有呈现出特定的价值观成分，具体如下。

(1)经济型人格

实业家等是典型的经济型人格，其特定的价值观成分主要表现为以下两个方面。

第一，对实效非常看重。

第二，积极对利润和财富进行追求。

(2)理论型人格

科学家、思想家等是典型的理论型人格，其特定的价值观成分主要表现为以下几个方面。

第一，对探索世界有着浓厚的兴趣。

第二，会冷静而客观地对事物进行观察。

第三，注重对事物的本质进行科学把握。

第四，对科学探索十分重视。

第五，积极对真理进行追求。

(3)审美型人格

艺术家等是典型的审美型人格，其特定的价值观成分主要表现为以下几个方面。

第一，很少会对现实生活进行关注。

第二，有着丰富的想象力。

第三，积极对美感进行追求。

第四，认为人生价值就是对事物的美进行感受。

(4)权力型人格

权力型人格的特定价值观成分主要表现为以下几个方面。

第一，有着鲜明的权力意识。

第二，对权力十分享受。

第三，有着很强的支配性。

第四，最高的人生目标是取得统领地位。

(5)社会型人格

社会型人格的特定价值观成分主要表现为以下几个方面。

第一，积极对他人进行关心，努力奉献社会。

第二，助人为乐为荣。

第三，最高的人生追求是奉献社会。

(6)宗教型人格

宗教型人格的特定价值观成分主要表现为以下几个方面。

第一，对宗教忠诚信奉。

第二，对神的存在深信不疑。

第三，最高的人生价值是信仰。

四、自然地理因素

自然地理因素对人格的影响主要表现在以下几个方面。

(一)人文地理环境对人格的影响

生活在不同的人文地理环境中的人，形成的人格也会有一定的差异。

心理学家巴理对阿拉斯加州的爱斯基摩人和非洲的特姆尼人进行了研究，结果发现以渔猎为生、以肉为主食、依靠帐篷过着流浪生活的爱斯基摩人，其培养的孩子有着独立、冒险、坚定的人格特征；而以农业为主、有着固定居所的特姆尼人，其培养的孩子有着保守、服从、依赖的人格特征，这表明，人格深受人文地理环境的影响。

(二)气温对人格的影响

气温与人格特征之间也有一定的关系,最鲜明的表现便是使人的一些人格特征频率明显提高。

一般来说,当天气十分炎热时,人会表现出明显的烦躁不安,进而导致攻击性行为或是反社会行为的增多。

五、家庭环境因素

家庭环境不同,生活其中的人会表现出不同的人格特征。也就是说,家庭环境因素对人格的形成与发展有着一定的影响。

(一)父母人格对子女人格的影响

对于孩子来说,其人格的形成,离不开父母的影响。或者说,孩子的人格就是通过与父母进行相互磨合而形成的。因此,具有并经常实施攻击性行为的父母,其孩子会有较强的攻击性倾向,因而会更容易产生攻击性行为;而具有丰富感情的父母,其孩子会呈现出更富情感性的反应,因而攻击性倾向不明显,攻击性行为很少会产生。

(二)家庭差异对子女人格的影响

不同的家庭,在家庭结构、经济条件等方面会呈现其一定的差异,并进一步导致家庭成员形成不同的人格。

通常来说,家庭结构完整、经济条件较好的家庭,会有和谐的家庭气氛、较少的家庭矛盾,从而使孩子逐渐形成积极的人格特征;而家庭结构不完整、经济条件较差的家庭,家庭气氛一般是十分紧张的,家庭矛盾也较多,这会导致孩子逐渐养成消极的情绪或是形成自卑心理。

(三)家庭教养方式对子女人格的影响

家庭的教养方式不同,对孩子人格的影响也会有所差异,具体如下。

1. 权威型家庭教养方式对人格的影响

权威型家庭教养方式中,父母会呈现出鲜明的支配性和控制性,并独断地决定子女的一切。在其影响下,孩子会容易形成消极、被动、服从、依赖、懦弱、做事不主动、撒谎等人格特征。

2. 放纵型家庭教养方式对人格的影响

放纵型家庭教养方式中,父母会对子女过分溺爱,并允许其随心所欲甚至胡作非为。在其影响下,孩子会容易形成自私、任性、无礼、幼稚、唯我独尊、蛮横、依赖等人格特征。

3. 民主型家庭教养方式对人格的影响

民主型家庭教养方式中,父母与子女会形成和谐、平等的家庭相处氛围,同时父母会高度地尊重子女,给予子女一定的自主权,并对孩子进行正确、积极的指导。在其影响下,孩子会容易形成自信、积极、直爽、主动、独立、有礼貌、善于交往与合作等人格特征。

六、学校教育因素

学校是对学生进行有目的、有计划的影响的教育场所,因而其对学生人格的形成与发展有着极其重要的影响。具体来说,家庭教育因素对人格的影响主要表现在以下两个方面。

(一)教师对学生人格的影响

在学生的人格发展中,教师起着重要的指导定向作用。教师在学校中，除了对学生进行知识教育、帮助学生掌握基本的学科知识外，还要通过自己的良好人格对学生进行影响，并积极引导学生养成自尊、自信、自强、自主等良好的人格品质。具体来说，教师对学生人格的影响，主要表现在以下两个方面。

1. 教师管理风格对学生人格的影响

每个教师都有自己独特的管理风格，而在教师特定的管理风格下，学生的行为表现是有所差异的。举例来说，在专制型教师管理风格下，学生的依赖性很强、自主性较差、不满情绪比较多；在放任型教师管理风格下，学生通常会较为任性，而且会常常遭遇挫折、失败等现象；在民主型教师管理风格下，学生通常会有较高的独立性，自主性也比较高，很少有不满情绪出现。因而，教师在对学生进行管理时，最好采用民主型的管理方式，以便促使学生形成良好的人格特征。

2. 教师公正性对学生人格的影响

据相关研究表明，学生的人格发展深受教师公正性的影响。当教师能够公正、公平地对待学生时，学生通常会取得良好的成绩，形成优良的道德品质，并会产生学习的兴趣与动力，积极自主地进行学习。反之，当教师对待学生有所差异时，一些学生会感到自己不受重视，继而形成消极、自卑等不良人格特征。

（二）同伴关系对学生人格的影响

学生在学校中，最为重要的一种人际关系便是同学关系。而且，同学关系会对学生人格的发展产生重要影响。举例来说，当同学之间因情趣相近、志同道合而形成积极的同学关系时，他们相互之间会相互帮助、相处促进、共同进步，并形成健康的人格特质；而当同学之间的关系建立在玩耍逗乐等与学习无关的刺激上时，无志者的消极人格特征便会产生重要影响，导致不良人格特征的出现。因此，教师在教学中，应积极引导学生建立良好的同学关系。

七、自我调控因素

在一个人的人格形成过程中，自我调控因素往往发挥着重要作用。而人格的自我调控系统，其核心是自我意识。自我意识是一种特殊的认识过程，主体对自己的反映过程，渗入了主体本身的情感和意志活动。据相关研究表明，一个人的自我意识会对其心理活动、行为以及人格的发展产生重要的影响和调节作用。此外，自我意识是由自我认知、自我体验和自我控制三个子系统构成的，而且这三个子系统和谐统一，才能促进人格的健康发展。

（一）自我认知

所谓自我认知，就是对自己进行观察与评价，即通过评估、评价自己的感知、期望、行为以及人格特征，对自己形成一定的认识。通常来说，当对自己形成的认识是正确的，则自己能够形成适度的自信、乐观、积极等良好人格特征；而当对自己形成的认识不正确时，则会导致不良人格特征的产生。具体来说，过低地对自己进行评估与评价，会导致自己产生自卑、灰心、退缩等不良人格特征；而过高地对自己进行评估与评价，会导致自己产生盲目自信、乐观等不良人格特征。因此，正确的自我认知，对健康人格的形成具有重要作用。

（二）自我体验

自我体验是伴随着自我认识而产生的内心体验，也是自我意识在情感上的表现。如果一个人对自己的评价是正向的，则其自尊感会逐渐产生；如果一个人对自己的评价是负向的，则其自卑感会逐渐产生。此外，自我体验能够使一个人的积极向上行为得到激励、不当行为得到抑制。因此，正确的自我体验，对健康人格的形成也具有重要作用。

（三）自我控制

自我意识在行为上的表现，便是自我控制。当个体意识到自己的行为与社会要求和社会准则不相符合时，便会自觉对自己的行为进行调控，并切实付诸行动。举例来说，当学生意识到学习在促进自身发展方面的重要性后，便会产生努力学习的动机，并自觉地刻苦、努力、持之以恒地进行学习。这样，学生便会逐渐形成积极、主动、坚毅、不怕困难等人格特征。

八、重要事件

一个人的人格，很可能受到其生活中发生的重要事件的影响，如亲人去世、学业失败、家庭矛盾严重、事业无成等。此外，一个人的生理问题，如生理残疾、重大疾患等，也会对其人格的健康发展产生重要影响。

九、大众传播媒体

在当前时代，越来越普及的大众传播媒体对人们的生活、思想、信念、行为等的影响越来越大。而大众传播媒体传播的信息，既有积极、正面的信息，也有消极、负面的信息。通常来说，积极、正面的信息能够对人们的行为产生积极影响，如树立积极的生活态度、形成良好的道德观念、养成坚强的意志等；而消极、负面的信息则会导致人们出现消极行为，如道德观念淡薄或丧失、过度追求物质享受、盲目崇拜与模仿，从而对个体人格的形成和健康发展产生不利影响。因此，净化大众传播媒体传播的信息是极为重要的。

第五章 | 大学生健康人格概述

健康人格是大学生在现代社会发展中必备的人格要求，是时代精神与道德水平发展的集中表现，更是大学生自我潜能发挥与自我超越实践的体现。了解大学生健康人格的相关内容，有利于指导大学生培养符合时代精神的健康人格，进而促进社会的整体发展。本章内容主要对健康人格的内涵、健康人格的模式和标准、大学生健康人格的结构和特征以及大学生健康人格发展的机制进行具体分析。

第一节　健康人格的内涵

一、健康人格的含义分析

一般认为，“健康人格”是人格研究中逐渐产生并形成的一个新概念。由于研究者的学术角度和应用角度不同，因而其定义也众说纷纭。

美国当代心理学家舒尔茨在其《成长心理学》一书中指出：“健康人格是什么？迄今为止，我们只描述了它不是什么。对于这一点，我们是有充分理由的，我们确实不知道是什么构成了健康人格。在这个领域工作的心理学家，一致的意见是很少的。关于健康人格，有足够写满一本小册子的定义。在我们的当前这个阶段，我们能完成的最好的事情，是研究那些看来是最完善的心理健康的概念，看一看关于我们自身，这些概念告诉我们一些什么东西。”

弗洛伊德、阿德勒和荣格等心理学家也对健康人格进行了探讨。弗洛伊德通过对病态人进行研究，认为心理之所以会出现问题，是因为本我、自我与超我三者之间发生了冲突，健康人格就是要达到自我不再受本我的冲击和超我的压抑，成为一种协调的综合力量，使人格各成分之间能够和平共处，充分发挥出人的一切能力。阿德勒认为，健康人格是指在内部心理机制上和谐发展，在外部活动上富有高度效能的人格。他认为有奉献精神、社会兴趣和懂得互助合作是健康人格的核心品质。荣格将健康人格描述为“他富有哲学的智慧，渴望欣赏和参与自己的内外在世界。他以惊奇、敬畏和接受的态度来面对未知的现象。他喜欢与人交往和游玩嬉戏，态度严谨又富创造力。既理智又多情。但他最大的美德是自我欣赏。他与自己和谐相处——一个统合、均衡、充分发展、充分发挥功能的人格”。

行为主义学派认为，健康人格需要能力和自我控制——能抑制那种不再产生积极强化物的行动，学习那种能成功地得到美好事物的行动。这种快速的适应性是由识别偶然事件，或认识自然界和社会的内在规律的能力而表现出来的。根据这些，需要得到满足，危险得以排除。

第二次世界大战后，一些心理学家，尤其是人本主义心理学家对健康人格提出了更加深刻的见解。人本主义心理学认为，健康人格模式代表了一种新的科学规范。所谓健康人格是一种在结构上和动力上趋向崇高人性发展的人格特质。这是一种人性的自然要求，同时也是人的一项义务和责任。

此外，还有学者认为，健康人格是指人类应具备的优秀人格特质的统一，它既是人类对自身完善的一种理想追求，也是制约或促进社会发展的一种关键因素。

近年来，我国学者对心理健康、健康人格等问题进行了大量研究，许多研究者提出了自己的观点。

王萍认为，健康人格是指与个人和社会发展相协调的个人的性格、气质、能力等特征的总和以及个人的道德品质。在当今时代背景下，健康人格主要包括独立自尊性和民主利他性两方面。所谓独立自尊性，是指个体能够认识到自己的社会价值以及能够为社会做出的贡献，富有创新精神；所谓民主利他性，是指个体为人谦和，能够做到平等待人，具有合作精神。可以说，独立自尊性和民主利他性是健康人格形成重要的组成部分，缺一不可。

刘军认为，健康人格是一个自我有机体，具有统一性、协调性、创造性等特征。

沙莲香认为，具有健康人格的人能够与现实环境保持一种良好的状态。

赵洪云认为，健康人格是人格的一种良好状态，是与社会环境相适应、为其他社会成员所接受而又能够充分体现个人个性特征的人格模式。

可见，不同的学者对健康人格有着不同的认识，他们从健康人格的功能、个体与环境的适应、心理活动的表现程度等不同的方面出发，对健康人格进行了定义。但不管从哪个角度对健康人格进行定义，都应注重个体人格内部平衡调节机制的形成，个体与群体的平衡，心理需求与满足手段的平衡。

综上所述，可以将健康人格定义为“个体在适应现实环境和发现、展示自我的积极存在这一过程中所形成的和谐、自由、开放、高效的人格模式”①。健康人格是一种具有和谐的内部心理机制以及行为上富有高效能的人格状态。

二、健康人格的科学定位

仅仅通过下定义的方式是无法真正理解健康人格的内涵的，任何一个概念，如果要得到比较科学的说明，就必须分析它与相

① 曾天德：《大学生健康人格塑造导论》，北京：中国社会科学出版社 2008 年版，第 56 页。

关概念之间的关系，在整个概念体系中对其进行把握。因此，只有对与健康人格相关的几个概念进行分析比较，才能对健康人格的内涵有一个深刻的认识。

（一）健康人格与心理健康

世界卫生组织提出，健康“不但是没有身体的缺陷和疾病，还要有完整的生理、心理状态及社会适应能力”，可见，人的健康不仅仅是指身体健康，还包括心理健康及社会适应。

受到时代变迁、社会文化因素的影响，心理健康的概念不断发生着变化，不同学者对心理健康有着不同的理解。概括来说，心理健康是指个体在适应环境的过程中，在生理、心理和社会性方面所达到的和谐统一。

健康人格主要是指人格在与社会环境相协调的基础上，获得和谐健康的发展，既能够充分展现主体个性特征，又能够被其他社会成员接受。健康人格通常具备清醒的意识以及自主行为，个体能够根据环境的变化对自身进行调整，以适应不同环境的要求。另外，它还具有和谐健康的人际关系，只有具有明确的社会角色，才有利于获得生存的意义。

对于心理健康与健康人格之间的关系，不同的学者有着不同的认识。有些学者认为，心理健康包含人格健康，人格健康是心理健康的组成部分；也有些学者将心理健康等同于人格健康，认为一个健康的人格必定会具备完好的心理状态和社会适应性。在这里，我们主要从横向和纵向两个层面对其进行分析。从横向看，心理健康主要依赖于心理健康教育，而健康人格塑造是一项系统工程，人格教育只是其中一个方面。从纵向看，心理健康是心理健康教育的基础目标，拥有健康的心理素质是建构健康人格的重要基础。而健康人格则是个体心理与行为高度和谐发展的结果，是一种系统性自觉行为，是对心理健康的一种超越。

（二）健康人格与健全人格

很多学者在研究中，忽略了人格研究的多学科性，简单地将健全人格等同于健康人格。从学科范畴来看，健全人格并不局限于人格心理学范畴，还涉及教育、心理、社会、伦理、道德、法律等诸多学科领域。可以说，健全人格是一种理想的社会人格，是人在社会生活的多方面表现出来的作为人的较为理想的状态。它是个体人格与社会人格的结合体，既体现了个体在社会生活中的价值取向，也体现了社会对个体的价值认定。健全人格主要表现为具有明确的生活目标和科学的人生观；具有极强的环境适应能力；具有坚强的意志力；具有乐群性，懂得适应社会需要，优化自身的知识结构与智能结构。

健康人格是与病态人格相对应的概念，它是指个体在人格发展过程中获得一种和谐的内部心理机制，并且在行为上具有高度的效能。具有健康人格的人往往具有自我选择的能力，在人格上表现出一定的自主性，能够清楚地认识到自己的实际情况，并能够认可自我；具有健康人格的人具有能够坚定地立足于现实世界，具有很快地适应社会现实以及社会环境的改变；具有健康人格的人富有同情心和宽容精神，勇于承担社会责任，并具有献身精神。

病态人格是由人格发展内在不协调导致的异常情绪反应及行为活动，它是对个体人格发展的正常状态的偏离。因此，健康人格更多地反映了现代社会和现代人发展的特点，它不像健全人格那样全面，富有社会价值取向成分。总体而言，健康人格是健全人格发展的重要基础，而健全人格是在健康人格的基础上发展起来的一种人格境界。

（三）健康人格与理想人格

从严格意义上讲，人格是一个多层次的结构系统。理想人格是一个国家、一个民族在特定社会发展阶段所崇尚和倡导的人格模式，它是个体赖以生存的社会文化的价值取向和基本特征的集中体现。理想人格是人格素质整体发展达到了最高水平、最高境界的“范式”，是对一般人格的扬弃，是健康人格的理想化。因此，理想人格也可以称为“完美人格”。理想人格具有典型性,对现实人格发挥着激励、完善作用,由于其标准太高,致使人感到难以企及。

健康人格则是人们具体的现实的人格追求,是人们通过努力能够达到或者接近的人格状态。健康人格是一般人格通向理想人格的必经阶段;而理想人格则是健康人格的理想化,是健康人格最终目标的实现。

(四)健康人格与审美人格

审美人格是指人的精神面貌所具有的审美特征,达到美的境界,表现出和谐、个性、自由、超越和创造等基本特征。也就是说,具有审美人格的人具备各种优良的素质。人格的发展水平从低到高可以概括为:心理健康—健康人格—健全人格—审美人格—理想人格。从人格的五种发展水平之间的内在关系来看,审美人格是在心理健康、健康人格、健全人格基础上发展起来的一种人格,它的发展又孕育着后续阶段人格的发展,即理想人格的发展。可以说,审美人格是对健康人格和健全人格的一种超越。如果说健康人格是指人格和谐全面地发展,是与社会环境相适应的人格模式,那么审美人格更能积极主动和创造性地适应社会环境。

三、健康人格的特征

在社会发展过程中,个体不但形成了现实人格,而且还努力追求着更高层次的人格境界,即健康人格。总体来说,健康人格呈现出以下一些基本的特征。

(一)全面性和统一性

健康人格的全面性是指认识活动、审美活动、创造活动、交往活动等构成人格结构的所有活动能力的全面发展。一个具有健康人格的人,在需要和动机、兴趣和爱好、人生观和价值观等方面都向着健康的方向发展。现实社会的发展中,人们在各自的职业中发展自己人格要素中某一方面,并不影响其他要素获得发展。

具有健康人格的人内心协调一致,言行统一,能够对自己的所作所为进行正确的认识和评价,能及时调整个体与外部世界的关系。人格要素之间如果缺乏内在统一性将出现两种情形。一种是精神医学意义上的病态人格,因为人格的异常发展,妨碍了人的意志和情感活动;另一种是片面性人格,仅是人格某几个方面的片面发展,而人格的其他要素则没有得到相应的发展,致使人格要素之间缺乏有机的联系。

(二)和谐性和社会性

健康人格的一个基本特征就是人格自身内部及外部的多方面的和谐。一个具备健康人格的人在人际交往中往往会表现出极强的自尊,并能够做到尊重他人、理解和信任、同情和人道等优良品质。在社会互动中所建立的友谊使人开朗、热情和坦诚,在日常交往中能够使自己的行为与朋友、同事协调一致。相反,缺乏友谊的人,在情绪上往往会出现各种问题,如恐惧、焦虑、多疑、嫉妒等。

人格是社会存在的集中反映,不同时期的健康人格体现了当时的政治、经济、文化和社会环境等诸要素的基本情况。通常而言,健康人格的形成以人格各要素的有机结合为基础,与特定时期的社会价值观念和社会规范保持一致。也即是说,人格的社会性是人在社会生活实践中逐渐形成的,依据社会价值体系来判断事物的意义,反映其所处社会时期的思想价值观念。因此,健康人格在不同的社会发展时期被赋予了不同的内涵。

(三)平衡性和进取性

健康人格各要素之间的关系是相互促进、相互呼应、协调发展的。马克思在人的全面发展理论中认为,只有“全面发展的、自由的人”才是健康人格的人。一个健康的人格系统,其各要素的价值或力量表现为内在的“均等态”或平衡性，即各要素的价值相当、地位均等、力量平衡，也可以表现为外在的“优势态”或进取性，即某一要素具有突出的价值，并能够“统率”其他要素，其他要素在功能上服务于突出要素，并能够对外界客观事物作出积极客观的判断和选择，进而建构符合社会发展规律的行为方式。

与平衡性相对的是紊乱性，即要素之间彼此发生矛盾冲突。与进取性相对的是消极和压抑，即人格要素的全部或部分要素一旦出现缺陷或遭受压抑，那么就没有了形成健康人格的基础。对进取性的压抑主要表现为两个方面：一是自我的方面，如个体不良的认知结构、遗传素质等因素；二是环境的方面，健康的环境有助于个体人格要素的健康发展，而不健康的环境则会阻碍个体人格的健康发展和进取性的实现。

(四)高自我监控性

自我监控性是自我认识、自我体验和自我控制发展到高度协调统一的自觉调节系统，“它反映个体在社会交往中表现出来的对环境线索及自我行为关注的心理倾向和对自我表现的调控能力”①。森德研究表明，高自我监控者依据情境线索进行行为调控的能力较强，其心理适应水平高，更能适应周围环境。因此，从这个意义上说，高自我监控性是健康人格的重要特征。一个具有健康人格的人必定具有高自我监控性，能够充分发挥自我的统一功能，对人格结构进行整合和完善，保持人格与外部环境的协调和一致。相反，低自我监控性的人，无法充分发挥自我在实现人格整合化过程中的统一作用，其人格结构也就不能得到协调和整合，进而引发自身与外部世界的冲突，结果必然导致人格缺陷和人格障碍。

① 鞠红霞：《关于自我监控性的研究综述》，《社会科学家》2002 年第 1 期。

第二节 健康人格的模式和标准

一、健康人格的模式

（一）“成熟者”模式

美国著名心理学家奥尔波特认为，人格是一种“动力组织”，而特质是个体有别于他人的基本特性，是人格的重要组成要素。他从这个基点出发，主张健康的人格应该更为关注在心理上健康、人格上健全的人。奥尔波特非常强调一个成熟者的动机具有独立性，也就是说，他们的动机并不是因为“奖赏”而得到强化。因此，在奥尔波特看来，成熟者的人格是完全独立的，具体表现为以下几点特征。

1.具有自我扩展的能力

健康成熟的人往往朋友众多，兴趣爱好广泛，能积极参加各种具有挑战性的活动，甚至在政治、社会或宗教活动方面也表现得非常积极。另外，健康成熟的人既关心自己的福利，也关心他人的幸福，把自我延伸到各种活动中，并从中获得自我扩展的机会。

2.具有丰富的情感和爱的能力

健康成熟的人具有丰富的情感和爱的能力，能够与他人进行密切交往，关系融洽，并且能够尊重并欣赏彼此在价值观念与行为上存在的差异。

3. 具有安全感和自我接纳

健康成熟的人具有很强的安全感，能够做到悦纳自我，有较高的挫折耐受性。在面对强烈冲突或重大挫折时，他们往往具有积极乐观的心态，能够忍受冲突和挫折带来的负面情绪，并采取建设性的方式解决问题，进而从中获得源源不断的力量。

4. 具有明确的价值观和处世原则

健康成熟的人具有明确的价值观以及处世原则，甚至在一些生活小事方面也会按照自己一贯认为的方式去做。他们不仅坚信自己的人生哲学和智慧，而且具有完成任务的使命感和责任感。

5. 现实性知觉

健康成熟的人面对现实生活中的各种事物，能够做到一切从实际出发，实事求是。他们能有效地运用生活上所必需的知识和技能，全身心地投入工作。

6. 自我客观化

健康成熟的人通常会对自我有一个客观的认识，清楚地认识到自己的优缺点。他们能够正确看待真实自我与理想自我之间以及自我评价与他人评价之间存在的差异，不会将个人的消极品质投射到他人身上。

(二)“创发者”模式

弗洛姆批判地吸收了弗洛伊德的人格理论，他从社会文化因素出发分析了人格的形成与发展。他认为，社会形态对人格的形成有着重要的影响。弗洛姆以“倾向性”来理解一个人的人格特性，他根据能否促使人接近实际的自由和自我实现将人格倾向性分为建设性和非建设性。非建设性的倾向(接受人格、剥削人格、交易人格等)是不健康的、病态的,而建设性倾向是以独立、自主、爱和创造力为特征的,是人格健康的表现。具有建设倾向的人拥有热爱生命的天性,往往把工作当作创造性地表现自我的手段。弗洛姆认为,每个人能够充分利用自己的潜能,而不能达到人格健康状态的人是由于受到了社会本身的压抑,他强调社会变革是产生"创发者"的唯一途径。"创发者"的人格具有以下几点特征。

1.具有创造性的爱

相爱的双方处于一种和谐、平等的人际关系中,双方都能够保持自己的个性,能够做到关爱他人。

2.具有创造性的思维

"创发者"能以客观、尊重、关心的态度,对所思考的对象进行仔细考察,能如实地了解客观世界,反映客观世界,做到客观与主观的统一。

3.具有创造性的自我

"创发者"能够充分发挥他们的全部潜能,创造自我,施展才华,为社会发展做出突出贡献。

4.具有幸福感

"创发者"具有愉快的感觉,表现出一种充满活力的精神状态,能够促进个人潜能的发挥。

5.具有道德良知

"创发者"所具有的道德良知是发自内心的道德标准的体现,它引导人们以符合良知的行为方式去行事,去发展和表现个性,并使人产生内部的认同感和幸福感。

(三)"自我实现者"模式

马斯洛通过对人物传记中的人物、历史上的人物、现实中的人物等进行深入研究，提出了“自我实现者”的健康人格模式，他认为自我实现者具有以下几点特征。

1.对现实世界有着准确的认知

自我实现者对现实世界有着客观的、如实的认知，这样的认知使他们能够根据正确的信息采取行动，并能接受现实世界的本来面目，进而根据实际情况来解决问题。

2.具有接纳自我、他人和自然的能力

自我实现者大多能接纳自己，热爱自己。他们通常认为自己是受人欢迎的、有能力的、能为社会做出贡献的人。因此，对自己、他人以及自然表现出一种积极接纳的态度。他们将自己的问题看成一种自然的身心状态，而乐意接受一切，包括他人的行为、思想，乃至与自己不一致的思想和行为。他们倾向于接受自然的作用而不会为它的不合意产生负面情绪。

3.自发性、单纯性和自然性

自我实现者在很大程度上自发地呈现自己的思想、行为，真实自然地流露自己的感情，从不装模作样。他们喜欢在与人交往中表现得从容而自然。

4.以问题为中心，不过分关注自己

自我实现者常常关心自身以外的问题，具有一种强烈的社会责任感，不仅仅考虑自己的利益，还关心社会和他人。

5.具有超然于世的品格

自我实现者具有一种超然于世的品质。他们既能够做到与他人和谐相处，也喜欢独处，由于爱和归属的需要已经得到了满足，所以他们不需要让别人刻意陪伴左右，他们在独处中能够找到乐趣。他们追求一种离群索居的生活，他们认为这种生活状态不会受到外物带来的干扰和烦恼，才能保持更充沛的精力进行高效率的思考和工作。

6.具有常新的鉴赏力

马斯洛指出，自我实现者以自发性、单纯性和自然性的感觉特点去感知世界和外部环境，因此，他们对生活中各方面的情景都会作出积极的反应，不断地以新奇和首创的方式欣赏生活中美好的东西，尽情地享受生活的乐趣，并心怀感激。

7.具有独立于文化和环境之外的自主性

自我实现者具有积极的自我概念，他们在处理一些现实问题时往往依赖自己的内心世界，依靠自己的顿悟力来判断是非，而较少依赖社会规定、本民族文化的要求等做出判断和决策。因此，他们具有较强的自主性，有良好的自我感受和自制力，能够遵守自己的行为与价值标准，实现自我引导、自我管理。

8.社会亲密感

自我实现者能把对亲人、朋友的爱推及社会中所有的人，他们对整个人类都具有同情和悲悯的情怀，表现出一种慈爱、和蔼可亲。他们怀有一种美好的愿望，善于与他人建立密切的关系。

9.民主的性格结构

自我实现者具有民主的思想倾向，有对世界各种文化范围内的人充分予以尊重的胸怀，能以“博爱式”的态度待人，不会出于种族、地位、宗教或其他群体成员原因而贬损人格。他们很谦逊，善于赞赏别人，乐于听取别人的意见并虚心向其学习。同时，他们能与邪恶的人和不良的行为作斗争。

10.具有强烈的道德感

自我实现者对别人的权利如同对自己的权利一样表示关切，

他们具有强烈的道德感，受着自己良心定向系统的指导，保持着对所有人的真诚、善良与尊敬。

11. 具有创造性

自我实现者在某些方面具有极强的创造性。他们会在自己从事的一切活动中，即使是在日常琐事中，也表现出一种创造性。

12. 对文化适应的抵制

自我实现者具有一种超脱周围环境以及任何特殊文化的倾向。在某种程度上，他们会把自我同一些社会强迫接受的文化分开，并对社会矛盾和不公正现象进行批判。

(四)“机能健全者”模式

罗杰斯在马斯洛自我实现理论的影响下，提出了人格自我理论，他认为自我是人格的核心，在整个结构系统中发挥着调控作用。个体以实现倾向作为参照，对经验做出相应的评价。而实现倾向是生命主要的驱动力量，它使人变得复杂化、使人具有独立性和社会责任，从而成为机能健全的人。罗杰斯认为，“机能健全者”是一个可变有机体，能够以最合适的方式迅速地适应周围的新环境，向更高水平运动发展，他将“机能健全者”的人格特征概括为以下几点。

1. 对一切经验持开放态度

机能健全者能够清楚地意识到自己的情感态度，并且将其真实地展现出来。也就是说，对各种来自机体外部或内部的刺激或经验，在不遭受防御机制歪曲的条件下，都能在个体的神经系统中顺利地传导，正确地符号化地进入他们的意识领域。

2. 能够进行自我协调

机能健全者能对自己发现的，以及在自己身上瞬间出现的各种冲动和情感表示接受和信任，他们的自我结构和经验能够协调一致。

3. 机体估价过程

机能健全者充分相信个人的经验能够引导自己做出正确的判断和决定。他们把自己的实现倾向作为估价经验的参考系，对强加于世人的价值条件不屑一顾。

4. 有自由感

机能健全者能意识到一切都应由自己做主，唯一重要的是对方式的选择。这种自由感的存在，使得他们在生活中觉察到巨大的选择自由，而且感到自己有能力做任何想做的事情。

5. 具有很高的创造力

机能健全者不仅能够通过创造性的产品和创造性的生活表现自己，而且能够建设性地妥善处理与环境的冲突，适应环境并为自己创造丰富美好的生活。

罗杰斯认为，自我结构和经验的协调一致是形成健康人格的关键，而幸福感是人格健康的一个重要因素或条件。幸福感主要来自于人的自我实现倾向和自我意识的积极的充实与发展。在一个人成长和发展过程中，特别是在自我实现的趋向中，幸福感是保证人发展的一种积极的持续过程的重要因素之一。

(五)"胜任型人"模式

库姆斯提出了"胜任型人"的人格理论模式，他认为，胜任型人通常对自己及其生活其中的现实世界有着积极的知觉。他们认为自己被社会和他人所需要，能够为社会做出相应的贡献。库姆斯将胜任型人格特征概括为以下几点。

1. 能够自我定向

胜任型人能够承担自己生活、学习和自己命运的重大责任。

面对复杂的世界环境，胜任型人不再是传统教育下规定模式的消极模仿者，而是具有自我启示、能够自我定向的公民。

2.具有积极的自我态度

胜任型人具有积极的自我态度，他们能够以积极的态度看待自我的一切，这使得他们具备了强大的内在力量和完整的个性。因此，他们在现实生活的挑战面前，很少会像其他人一样感到恐惧。

（六）“超越自我的人”模式

第二次世界大战期间集中营的遭遇使弗兰克的人本主义思想带有明显的情绪色彩和超脱意味，他提出的“超越自我的人”模式正是这种思想在心理健康观上的反映。弗兰克认为，人在任何情境下，对自己行动的选择都具有自觉性。心理健康的人有着对人生意义、理想或目标的自觉探求。弗兰克将“超越自我的人”所表现出的特征概括为以下几点。

(1)他们能够对个人生活的进程进行自觉选择和驾驭，并且能做到对自己负责。

(2)他们往往能够客观地对问题进行分析，不会将自己的不幸归于父母或社会。

(3)他们能够定向于未来，专注于工作，并能够给予爱和接受爱。

（七）“最佳自我”模式

理查德·科恩对健康人格思想进行了比较系统的阐述。他提出的“最佳自我”这一术语，主要是指一个人的最高水平状态。他通过对健康人格进行研究，揭示了最佳人格的五种主要特征。

(1)能够独立自觉地工作，并懂得关心他人。

(2)能够以不同的方式感受相似的事物，能够以开放的心态对待新异、奇特和社会不接受的事物，并能够创造新的生活风格。

(3)能够悦纳自我,需要大量的独处空间。

(4)能够与伙伴关系真诚,自我能有效地接受他人,寻求与他人的沟通。

(5)具有归属整体、自然或上帝之感。

二、健康人格的标准

(一)健康人格标准的确立依据

作为人类适应和改造外部环境的特有的认知方式和行为模式,健康人格是由许多具体的要素决定的。要确立健康人格的标准,首先必须找到确立健康人格标准的科学性依据,必须依据客观的社会发展以及个人的身心发展状况来进行。只有这样,才能确立符合时代要求的健康人格标准。

1. 社会依据

人是社会中的一员,与社会相互影响。因此,对健康人格的认识,必须将它置于一个时代和一定社会关系中,以一个时代和一定社会关系对健康人格的要求和影响为基本依据。从人格的本质来说,健康人格就是人们能够很好地适应社会变化的一种良好的心理状态,使个体能很好地适应环境的认知方式和行为模式。只有与环境、与社会进步和发展相适应的人格,才是一定社会历史时期的健康人格。从这个意义上讲,社会是确定健康人格标准的重要依据。

从世界范围来看,现代社会的发展使得人们的生活节奏加快、人与人之间交往不断减少、大众传媒日益多元化,这些问题和刺激给人们带来各种各样的冲突,并由此产生了焦虑、挫折、抑郁等心理问题。因此,在现代社会里,个体的人格想要健康发展,就必须适应不断变化的社会环境和节奏。

2. 身心依据

人格是个体身心发展的过程，人的生理、心理和行为适应三个方面也是相互影响、相互制约的。因此，身心发展状况是确定健康人格标准的重要依据。

从生理上讲，人的感知、记忆、想象、思维等认知活动都受到人脑的控制，如果大脑受到损害，则人的心理活动就会受到阻碍和发生失调。同样，人的机体的其他部位发生病变时，整个心智活动都会受到影响。从心理上讲，人的心理状态也会对人的生理和行为产生影响。因此，确定健康人格的标准，必须以健康的、和谐的身心发展作为基本前提。

3. 理论依据

科学的理论依据是指健康人格标准应该以科学的理论为基础。马克思关于人的本质和人的全面发展的理论就是确定健康人格标准的重要理论基础。

马克思关于人的本质"在其现实上，它是一切社会关系的总和"的科学结论，对于探讨人格的机制、健康人格标准，以及塑造健康人格的方法和途径等方面都有着重要的指导意义。除了对人格意识的物质本体和人的自然属性进行研究以外，还必须考虑特定的社会历史条件，物质生产活动、阶级状况等都会影响人格的发展。

4. 文化依据

人一出生就被置于特定的社会文化模式之中，因而时时刻刻会受到社会文化的熏陶，并不断将其内化为符合社会需要的价值观念和行为方式。因此，社会文化传统、价值观念、风俗习惯等都会对个体人格的形成和发展产生重要的影响。可以说，人格孕育了文化，文化滋养了人格，有什么形态的文化，就会培育什么样的人格，并成为人格的依据。从大的范围来讲，文化是价值系统和生活方式;从个人来说,文化是一种人格结构的依据。健康人格是在正确解释和吸取人类长期积累起来的优秀文化遗产、在进行健康的精神文化交往中和健康的文化氛围环境中建立起来的。换句话说,健康的人格也根植于优秀的文化氛围之中。在当今经济全球化的时代背景下,要塑造健康的人格,就必须充分实现中西文化的融合,吸取人类文明中的一切优秀成果,以形成正确的自我观念、科学的思维方式以及顺利适应环境的行为方式。

(二)健康人格的具体标准

健康的人格的评判应符合以下几点。

1.良好的自我意识

具有健康人格的人在智力正常的基础上,既能够对现实进行客观准确的反映,对客观世界进行正确的评价,又能够准确地认识和了解自我、接纳自我和他人,并体验到自我存在的价值。人格健康的人有积极的自我概念,能够主动地进行自我判断、自我教育,以实现自己所设定的发展目标。同时,人格健康的人在关注自我的同时,也会关注社会生活、自然和他人,具有较强的社会责任感,对人类怀有一种很深的认同感,对社会生活抱有一种比较积极的入世态度。

2.和谐发展的心理机制

人格是由人的需要、动机、理想、信念和世界观、能力、气质、性格、情感、心理状态等因素构成的一个统一整体。各种人格因素的和谐发展形成了健康的人格。因此,人格健康的人必定具有和谐发展的心理机制,它既表现为内部心理机制的和谐发展,也表现为与外在环境达到一种平衡。内部心理和谐是指人内心的和谐统一,是人自身和谐的主要内容。直接刺激人们心理活动的客观事件、个人的心理健康水平以及心理和谐度等直接决定了人的心理是否和谐,另外,自我内部心理的和谐还取决于其适应能力和调节能力。当然,健康的人格只具有纯粹的内心平衡是不行的,还要求一种外在的和谐,只有内在和外在的平衡,其外部活动才富有高效能和创造力。

3.较强的交际能力和人际关系

人格健康的人乐于与他人交往,能与人建立良好的关系。尊重别人,关心别人,帮助别人。在信息迅速发展的现代社会,具备较强的交际能力和良好的人际关系不仅有利于促进自身信息的获取,还有利于拓宽自己的知识面,进而更全面完好地塑造自我和实现自我。另外,具备较强的交际能力和良好的人际关系也是人们寄托情感的需要,是健康人格心理的重要标准。

4.较强的开放性态度和社会适应能力

面对快速变化发展、竞争激烈的社会,人格健康的人能够以一种开放的态度,关心社会,了解社会,积极投身于社会生活,并最终实现自我价值。同时,能够有效解决层出不穷的新情况、新问题,并在思想、行为上做到与时俱进,表现出良好的社会适应能力和应变能力。具体来说,拥有健康的人格的人能够做到以下两点。

一是具有开放性态度,能充分接受外界的信息。这种开放的态度,既有利于对自身经验体会的积累,又有利于对外在环境的认识;既有利于从中国现实社会和传统社会中获取养分,又有利于吸收外国先进的文化。他们能够将先进的科学技术、新的思想文化进行吸收整合,并在现实生活中进行有效的利用。同时能够运用工作中积累的各种经验和信息,解决可能遇到的新问题,使自己的行为更有效率,工作更有成效,实现自身价值并服务社会。

二是具备较强的社会适应能力。人总是在不断地与社会取得协调与适应中成长的。只有跟上时代的节奏,与时代的各种因素相和谐,才能很好地适应现实。同时,社会生活是不断发生变化的,人们还必须具有敏锐的应变能力,以适应新的变化,能与变化的世界保持和谐一致。

5. 积极乐观的人生态度和现实的人生目标

积极乐观的人生态度是人们在社会实践中获得的本质力量的体现，是健康人格模式应具备的最重要的品质，是人走向自我完善的重要的特征。积极乐观的人通常对自己所从事的工作或学习保持着很高的热情，能够友好地对待他人，以欣赏的眼光去看待事物，对前途充满希望，不会轻易被困难打倒。

积极乐观的人一般有着现实的人生目标，能自觉驾驭自己的生活。即使遇到了挫折和困难，他们仍然坚持不懈地努力从事有意义的事业。相反，人格不健康的人往往因失去生活目标、生活意义而感到烦躁、抑郁，或者由于生活目标不切实际而难以实现。具有积极向上的生活态度和现实的人生目标的人，其人格是健康的，他们总会在失败和挫折中吸取教训，然后不断完善自我，进而获取成功。

6. 较强的独立自主性和创造性

人格健康的人能够独立自主地认识和处理事情，具有较强的创造才能。他们能够通过主体积极的活动，将各种外在影响发展为自己的心理意识，并对自己所接受的事物进行最大限度的利用；对自我潜能进行开发，充分展现自己的优势，创造性地塑造新的自我，进而开创一种新的生活。人格健康的人对现实有着清醒的认识，具有较强的判断力和鉴别力，能够理智地分析问题，积极接受科学客观的意见和建议；能够以宽容的态度承认现实、适应现实，同时又保持着旺盛的创造精神。

7. 强烈的道德责任感和事业心

在人格中，品德是具有道德评价意义和处于核心地位的部分。具有健康人格的人有着强烈的社会责任感和使命感，热爱祖国、热爱人民，能够正确处理个体与他者之间的关系，具有正直、勇敢等良好的道德品质，具有宽广的胸怀、谦让的美德。人格健康的人热爱并专注于工作，他们既注重未来的目标和使命，也重视现在的工作，具有献身精神。

人格健康的人，其人格的各个方面是统一均衡的。衡量健康人格的各个标准之间也是相互联系的。健康人格的标准可以作为衡量一个人人格健康的重要尺度，同时也为大学生改善自己的人格提供了具体的努力方向，有助于大学生健康人格的培养。

第三节　大学生健康人格的结构和特征

一、大学生健康人格的结构

人格结构是一个由多种人格成分构成的具有层次性、相互依存、相互作用的系统，不同的人格成分在人格结构系统中发挥着不同的作用。大学生健康人格是人格的内部结构要素之间和谐一致相互作用的结果和表现。要真正揭示大学生健康人格的结构，必须在对健康人格的一般结构要素理解的基础上，结合大学生心理发展特点和社会对大学生人才素质的要求。下面主要从以认知能力为基础的要素、以优良的性格特征为标志的因素、以自我意识为核心的要素、以社会价值为导向的要素出发，对大学生健康人格结构进行分析。

(一)以认知能力为基础的要素

能力是在人们的活动中体现出来的、对活动效率有着重要影响的心理特征，它是保证人能够完成某种活动所必需的心理条件。根据时代发展提出的具体要求，大学生应具备以下几种认知能力，它们是大学生健康人格中不可或缺的一个结构成分。

1. 自学能力

自学能力是指善于了解自己应该掌握什么样的知识，并能够根据自己的意图自主地获取知识。自学能力具体包括熟练运用工具书的能力、阅读学术著作的能力、查阅资料的能力等。随着知识量的不断增长，知识更新速度的不断加快，大学生到毕业，也只是具备了从事职业生涯的基本知识，其他的知识需要自学来完成。

2. 表达能力

表达能力是指以口头或书面的形式表达自己的思想、认识以及情感的能力。信息社会要求人们既要有深刻的思想和见解，又要有较好的表达能力，使自己的表达具有强大的吸引力和说服力。相关实践表明，一个人如果只拥有丰富的知识而没有口才，即使讲述的是真理，也难以激起人们的热情；一个人即使具有创造性的研究成果，但如果缺乏文采，词不达意或章法混乱，无法准确地表达自己的研究结论，也会让人对他的能力产生质疑。因此，无论是口头表达能力还是文字表达能力，在大学生获取知识、交流心得、积极为社会服务并且发挥自己的聪明才智方面都发挥着重要的作用。

3. 综合分析能力

综合分析能力是以智力水平为基础，反映出一个人是否具有敏锐的目光、严密的思想，能否系统、全面、准确地分析事物、判断是非、解决难题。一个人如果不具备综合分析能力，则很难在社会中取得突出成就。综合分析能力具体表现在以下三个方面。

第一，要能够在复杂的现实事物中，透过现象抓住其本质，运用科学合理的方法对事物进行归纳、概括、整合，找出问题的关键。

第二，要将各种信息资料进行综合、整理、加工，找出其中重要的信息材料。

第三,要遵循事物的发展规律,根据综合、整理后的信息材料,以及事物未来发展变化状况,分析、判断自己工作的重要性和努力的方向。

4.处理人际关系的能力

处理人际关系的能力是指人们在社会交往过程中所表现出来的能力。大学毕业生在步入工作岗位后,要与多方面的人进行交际,而只有具备较强的社交能力,才能促进工作的顺利开展以及事业的顺利发展。处理人际关系的能力,具体包括处理好与领导关系能力、与同事和睦相处的能力,以及和其他群体交往的能力等。因此,大学生应该学会营造和谐的人际关系,掌握交往技巧,形成较强的交往能力。

5.组织协调能力

组织协调能力是指组织者为协调各种关系,发挥组织功能和为实行更有效的分工合作而在组织内外开展协调工作的能力。另外,组织协调能力也指组织者实施计划安排,贯彻实施监督控制和协调配置等活动的组织管理能力。随着现代科技的迅速发展,社会分工越来越细,学科越来越复杂,几乎所有大型科研项目的顺利实施都需要不同学科、不同专业的专家学者以及相关工作人员的相互协作。

6.创造能力

创造能力是指在工作实践的基础上提出具有创造性的理论和方法。创造能力是在人的智力得到充分开发,在具备其他基本能力的基础上综合形成的一种更高级的能力。

(二)以性格特征为标志的要素

客观事物对个体生活不断渗透,通过对人的价值观念进行影响,从而形成一定的态度体系,也就是人的性格特征。性格是人格中的核心因素。性格有优劣之分,优良的性格特征会增强一个人的魅力,使其很容易被社会接纳,更有利于其自身价值的发挥。良好的性格特征应成为大学生健康人格标志性的结构要素,具体包括以下几个方面。

1. 自尊心

所谓自尊,是指个人要求在社会、集体中获得尊重的心理倾向。自尊心强的人通常能够做到自我接受、自我肯定和自我赞许。自尊心是性格结构的重要组成部分。教育家苏霍姆林斯基指出:“人类有许多高尚的品格,但有一种高尚的品格是人性的顶峰,这就是个人的自尊心”。自尊的人往往具有很强的进取心,非常关注自我形象,希望充分表现自己,对平等有着强烈的要求。因此,自尊心成为推动人不断进取的巨大动力,能够使人具有积极的生活态度。

2. 自信心

自信心是指人们相信凭借自己的能力,能够克服各种困难,在揭示自然发展规律或社会发展规律方面会有所成就。一个人在学习、工作和生活中难免会遇到各种困难和挫折。有些人在遇到挫折和失败时,表现为情绪低落、怨天尤人、灰心丧气,甚至惊慌失措、彻底崩溃;而有些人则能够及时从中吸取教训,在失败中找到成功的因素,继续努力。具有自信心的人通常表现为后者。

自信是事业取得成功的重要保障。一个人只有信任自己,尊重自己,认可自己,才能充分发挥自己的作用,才能做到凡事尽力争取,才会具备克服困难的坚强毅力。

3. 自制力

自制是一个人自觉地调节和控制自己行动的品质。自制具有自觉的调节功能,主要体现在发动行动和制止行动两个方面。

所谓发动行动，是指鼓励人们为实现目标进行努力。所谓制止行动，是指抑制和阻止符合预定目标的行动。具有较强自制力的人，能够对待外界发生的事件进行理性分析，对自己的情感进行合理的控制，并能够很好地约束自己的行为，在现实中掌握主动权。

一个人只有具备了坚强的自制力品质，才有利于在事业上取得成功。日常生活中，许多人要想顺利完成某项特殊任务时，就必须具备极强的自制力，排除干扰，抑制那些不必要的活动。大学阶段是求知的重要时期，同时接触的世界更宽阔，面对的诱惑也更多，只有形成较强自制力的、能专心学习的学生，才能在正确的学习动机和目的的支配下，抑制和阻止杂念的干扰，做到勤奋学习。

与此同时，自制力还能够帮助人们对行动目标和行动计划进行调整。自制力强的人，能够对自己的欲望进行合理控制，分轻重缓急地解决各种问题，坚决抛弃不正当的欲望；自制力强的人，处在危险和紧张的状态时，能够做到临危不惧、镇定自若。

4.竞争心

竞争在个人和社会的发展中发挥着重要的作用。在竞争的过程中，必然会产生胜利者和失败者。但需要注意的是，胜利与失败是可以相互转化的，一次竞争中的失败并不代表永远的失败，只要积极总结经验教训，不断完善自我，就会在下一次竞争中取得成功。

竞争心是人们普遍存在的一种心理品质，在大学生活中，每个学生都应有正确的竞争意识，并引导自己的竞争心向着积极的方向发展。

5.责任心

在社会生活中，个人的行为会对社会以及他人产生或大或小、或直接或间接的影响，因而，每个人在采取行动之前都要考虑到可能对他人、对社会产生的影响，必须按一定的社会规范去行动。个体一旦具有了责任心，就会成为性格心理的重要组成部分，就具有稳定性，使人能够自觉、主动、积极地承担责任。当一个人对他人、对社会尽责任时，会从内心产生愉悦的感情；相反，则会深感不安和内疚。总而言之，一个人只有具有了责任心，其自身的价值才能得到充分、合理的体现。因此，现代大学生应树立强烈的责任意识。

6. 独立性

独立性是一种自觉自愿的心理倾向，具有独立性的人，对待事物有自己主观的认识，并以此作为行为的依据。与独立性相对应的是依赖性，依赖性是人格不成熟的表现，表现为凡事希望得到他人的帮助。当今世界，科技迅速发展，社会竞争日益激烈，大学生只有具备独立性的品质，才能在社会中立足，在激烈的竞争中取胜。

7. 友谊感

友谊感是人类一种崇高而优美的品质。卜迦丘赞誉友谊时称："友谊真是一种最神圣的东西，不光值得特别推崇，而且值得永远赞扬。它是慷慨和荣誉的最贤惠的母亲，是感激和仁慈的姐妹，是憎恨和贪婪的死敌；它时时刻刻都准备舍己救人，而且完全出于自愿，不用他人恳求。"一个人如果缺乏友谊，常常会产生各种各样的心理问题。

（三）以自我意识为核心的要素

自我意识的形成和发展在健康人格的塑造方面起着重要的作用。在社会生活中，面对外界事物，人并不是消极、被动地接受，而是能够进行积极主动的应对，其具体表现为对客观环境具有一定的选择性，并能够自主地调节自己，积极利用外部条件。因此，以自我意识为核心的人格要素是最能体现人格功能性的人格特征。具体而言，大学生健康的人格结构应该包括积极的自我概念、成熟的自我同一性、适度的自我价值感和适度的自我控制。

1.积极的自我概念

美国心理学家悉尼·乔拉克将自我概念定义为：由人们关于自己本质的所有信念组成的，包括人对自己力量和软弱的设想、成就的可能性以及关于自己行为和体验的行为方式的明确描述。自我发展、自我完善是人格变化的动力和基础，其动力强弱主要取决于个体自我概念性质，其对人格的健康发展有着重要的影响。积极的自我概念标志着人格发展的成熟和健康程度。相关研究表明，个体的自我概念越积极，就越会具有乐观、勇敢、自律、自信等积极的人格特征。

与中小学生相比，大学生自我概念更加广泛、客观、合理、实际。大学生已经具备了一定的理性思维水平，但同时又具有易冲动的特点，因此，他们的自我概念还带有主观和幻想的色彩，甚至有时会与自我概念的描述自相矛盾。大学生自我概念有其自身的特点，并随着年级的升高不断发展变化。

2.成熟的自我同一性

自我同一性的建立就是个体对与自己相关的全部信息进行整合，建立一种具有稳定性的自我形象，确立一套自己所认同的行为准则，进而获得一种稳定感，使整体的自我概念具有稳定性、概括性。同时，自我同一性也是个体生理自我、社会自我和精神自我的整合，使其实现一种连续性，只有这样才有利于健康人格的建立。如果个体没有建立成熟的自我同一性，那就不可能有稳定的自我形象和自我认识评价，更不用说对自己的全面把握、自我实现了，也就无法建立健康的人格。

具有健康人格的人具有成熟的、高级的自我同一性状态，即成就型同一性状态。成就型同一性具有以下人格特征：具有明确的目标；喜欢冒险；对新事物持开放的心态；爱好广泛；行事沉稳、果敢、有主见、待人真诚、助人。需要强调的是，成就型同一性状态的大学生具有高自主性，根据自己的内在标准去倾听和判断、不易顺从、更能抵制外部压力，表现出人际关系维度上的负相关。

3. 适度的自我价值感

自我价值感是指个体对自我价值的认识。从形成上讲，自我价值感是以对自身价值的评价为基础，形成的对自己的态度和情感。个体的自我价值感与其自我概念有着密切的联系，一般认为个体自我价值感是建立在自我概念的基础上，具有稳定性的自我情感。自我价值感高低程度不仅直接影响着个体的情绪高低，还会影响人格结构的和谐和平衡。过高或过低的自我价值感都将造成人格发展的不平衡，甚至将会导致人格缺陷和人格异常。低自我价值感者往往对自己缺乏清楚的认识，因此会导致自卑、嫉妒等心理问题的出现。而高自我价值感者则通常表现为攻击、情绪低落等。

适度的自我价值感是指个体对自身价值的客观认识，其主要建立在客观现实的基础之上的。适度的自我价值感能够促进积极的自我概念的形成，能够对现实环境做出积极的反应，能够有益于自己、他人和社会。

4. 适度的自我控制

自我控制是个体自我发展的一部分，是个体对自己的情感的控制和调节能力。柯伯认为，自我控制是个体通过自主调节实现个人价值与社会期望的统一。它能够制止或引发特定的行为，并采取与社会情景相适应的行动。

相关研究表明，过分自控者过分抑制冲动、延缓满足、控制行为和情绪；缺乏自控者不适当的调整冲动、无能力延缓满足、立即和直接的表达欲望与情绪，在困扰的环境中易受伤害。因此，大学生只有获得良好的自我控制能力，才能保证自身心理健康和人格健康发展。

(四)以社会价值为导向的要素

大学生生活在外界社会与学校社会的双重环境中,尤其是集体的学校生活使社会要素对大学生健康人格的形成发挥着重要的作用。总的来说,大学生健康人格构成的社会要素主要包括价值取向、人际关系、诚信意识等几个方面。

1.价值取向

当代大学生的个性在市场经济迅速发展的背景下得到了极大的张扬,他们越来越注重自我价值的实现。同时,大学生也开始追求进取务实、协调并重的价值选择,表现出明显的兼容性。他们通过自己的积极思考,确定人生目标,最大限度地实现人生价值,为社会做贡献。他们在个人与社会、义与利、奉献与索取等问题的选择上积极寻找结合点,希望做到"社会与个人利益并重","事业和利益兼得"。

大学生的价值标准与时俱进,体现了公平、效率、竞争、自立的时代特征。当代大学生的生活中处处体现着竞争,在竞争活动中,他们非常注意包装自己,努力将优势的一面尽可能地展现出来。与此同时,当代大学生的效益意识不断增强,他们通过竞争得到锻炼,也得到回报,他们在学校里追求有效益的学习生活,希望在竞争中实现盈利。另外,当代大学生的独立自主意识不断增强,他们希望自主选择适合自己兴趣的专业,适合自身条件的教材,适合自身情况的教师,许多大学生希望在本科毕业后进行深造。

2.人际关系

人际关系对于个体健康人格的建立和发展发挥着重要的作用。心理学家马斯洛、奥尔波特等人将适宜、良好的人际关系作为人格健康的必备因素。具有健康人格的人善于与他人交往,能够建立起良好的、建设性的人际关系。相反,人格缺陷者往往缺乏稳定的、良好的人际关系。

进入大学以后，大学生面临着新的环境和群体，人际交往变得频繁和复杂，需要对各种关系进行整合，并处理好与交往对象之间的关系。但是，由于他们来自不同的地域、家庭，有着不同的成长环境和经历，当以各自的生活方式、思维方式和行为方式与同学进行交往时，不可避免地会发生人际冲突，甚至发展为心理问题。相关调查表明，人际关系是大学生面临的最难适应的问题之一，主要表现为人际失调、交往嫉妒、交往自卑、社交恐惧等。因此，在心理健康教育实践过程中应积极引导大学生建立和谐、良好的人际关系。

3.诚信意识

诚信是一种重要的道德品质，而道德品质对于塑造大学生健康人格乃至促进其事业发展方面都具有十分重要的作用。然而，相关研究表明，当代大学生中出现诚信意识淡薄、诚信行为缺失等问题，主要表现为以下几点：一是失诺，即没有按照之前约定的去做，主要表现有拖欠银行贷款、不按时交纳学费等；二是违约，即没有按照预先订立的需要共同遵守的条文去做；三是违纪，即违反学校的规章制度，或国家的法律规定。

大学生之所以在诚信方面存在种种问题，其原因是多方面的，除了社会环境的负面效应以及家庭教育的片面性外，更重要的是由于高校诚信教育淡化所造成的大学生自身素质缺陷，从而导致诚信意识淡薄，诚信行为缺失。因此，高校应对大学生广泛进行诚信教育，普及道德知识和道德规范，增强大学生的诚信意识。

二、大学生健康人格的特征

在构建和谐社会的时代背景下，大学教育应积极引导大学生树立科学发展、和谐发展的思想观念，促进大学生建立健康的人格结构，通过塑造和提升大学生人格健康水平来推进和谐社会的建设进程。具体来说，大学生健康人格应具备以下几点特征。

（一）具有正确的自我认知

具有正确自我认知的人，通常对自己有着准确的定位，能够对自己的优缺点，包括气质、性格和能力，优势及劣势，自己同别人之间的差别等进行客观全面的分析评价，并在此基础上做到悦纳自我，即使遇到了挫折和困难也会保持积极乐观的心态。而且能对自己的地位与作用进行正确的评估，具有合理的期望值、适当的奋斗目标、合适的发展方向，并为之进行不懈努力，不断完善自我、提升自我。相反，缺乏正确自我认知的人往往无法对自我有一个正确的认识，目标总是定得不切实际，自己也经常会陷入自傲或自卑的旋涡之中，与此同时产生消极情绪，心理无法平衡而表现出自我冲突、自我矛盾，

具有正确的自我认知是大学生健康人格的重要特征。大学生应该根据自己的优缺点、兴趣爱好等对自己进行准确定位，并确定自己的奋斗目标。

（二）具有人类共同的理想和信念

理想形成于社会生活中，包含了人们对未来的一种追求和向往，它是一种精神现象，制约着人们行为的速度和方向，能够激活人格结构中的动力要素并使之发挥积极的作用。当代大学生肩负着构建和谐社会的历史任务，而要想在和谐社会建设中充分发挥自身的作用，就必须实现自身的全面发展，将个人理想与社会发展紧密结合起来，将实现国家富强、促进社会和谐发展作为自己的理想目标，并积极投身于伟大的社会实践之中。信念与理想有着密切的联系，它是一种高层次的需要，是一种强大的精神力量，能够鼓励人们按照自己坚信的观点和准则去行动。具有坚定信念的人，往往对真理有着不懈的追求，在任何场合都能够坚持自己的观点，迸发出巨大的能量，能够勇敢地面对理想实现过程

中遇到的各种困难和挫折。

具有人类共同的理想和信念是健康人格的内核，是反映大学生积极生活、升华道德境界的精神化人格特征。大学生只有具备了这种高水准的人格素质，才能具有完善自我的精神动力，进而促进社会蓬勃向上、和谐发展。

（三）具有建立和谐人际关系的价值体系

和谐的人际关系是指“人与人在社会交往过程中，基本利益一致，双方心理距离拉近，心理相容性强，彼此感情认同”。和谐的人际关系既能够促进大学生深化自我认识，促进人格的发展和完善，也有利于和谐社会的构建。可以说，社会关系的和谐发展建立在良好和谐的人际关系的基础上。

大学生人格健康必须具有建立和谐的人际关系的价值体系。一个具有健康人格的大学生往往能够与他人建立良好的交际关系，并能够在人际交往中准确进行角色定位。因此，为促进社会的和谐发展，大学生必须建立和谐人际关系的价值体系，用以调节、支配自己的行为，进而获得正确的社会文化规范和社会角色意识，以及形成较强的团队协作能力，这也是和谐社会对大学生健康人格所赋予的时代特征。

（四）具有广博的兴趣以及追求智慧的心理

当今时代，科学技术迅猛发展，每种科学都在精细分化和综合，相关学科越来越多，这就需要大学生具有广博的兴趣以及追求智慧的心理特征。人格健康的人往往具有广博、专注的兴趣。对知识具有广泛兴趣，是个体获取丰富知识、开启智慧、发展多方面能力的重要条件。人格健康的人具有稳定的兴趣。

追求智慧是对人类知识所持有的一种积极的心理倾向。大学生处在成才阶段，知识和能力的培养是其主要任务，只有积极学习文化知识，追求真理，才能发展成为社会所需要的人才。

（五）具有正确的认知方式以及乐观的情绪

认知是人们对周围事物的看法和观点。一个人只有具有正确健康的认知方式，才会具有健康的心理情绪。可以说，情绪稳定、愉悦，心理就健康；反之，心理就不健康。而不健康的心态或不良的情绪反应，又会影响人们的认知方式。因此，正确的认知方式和乐观的情绪是人格健康的重要标志。

大学时期是一个人成长的关键时期，人格特质正处于形成、发展、完善的过程中，大学生面临的新的生活和学习环境必然对他们的情绪情感产生影响，这时就需要一种可贵的品质即乐观情绪特质，这种情绪特质是贯穿于各要素的整合优化线索。人格健康的大学生，他们在认知方式上更多地表现为合理信念、理性思维和利导思维，而且具备积极的正向的情绪特质，即乐观情绪，以及较强的情绪自我调节和控制能力。

（六）具有道德选择和整合能力、自我控制和自我修养能力

人们在社会生活中面对着纷繁复杂的事物，想要从中吸取有价值的事物和信息，就必须具备道德选择和整合能力、自我控制和自我修养能力，这是道德人格养成的重要方面，因此，要引导大学生自觉地依据正确的道德原则和标准，对外界事物、信息作出道德选择。道德选择和整合是一个复杂的心理过程，通常包括两个层面，一是价值标准选择，二是比较和整合。

（七）具有积极开放的心态以及创新能力

只有主体具有活力，即人的能动性、积极性、创造性得到充分发挥，才能有效促进社会生产和生活直接构成要素和资源具有活力，促进社会生产、生活运行方式和机制具有活力。大学生处于成才阶段，热爱科学、追求真理是他们人格的主旋律，只有具有追求智慧和创新能力的人格特质，才能对构建和谐社会提供稳定的智力支撑和动力源泉。因此，大学生健康人格中应包含追求创

新、培养创新精神的内涵。

(八)具有强烈的社会责任感

强烈的社会责任感是健康人格的重要表现,一个人格越健康的人,其社会责任感就会越强烈。所谓社会责任感,是指在一定社会历史条件下社会群体或者个人所形成的为促进社会和谐稳定发展而承担相应责任、履行各种义务的自律意识和人格素质。作为一种自主的选择,社会责任感在维护社会和谐发展、促进大学生自身发展方面发挥着十分重要的作用。大学生健康人格的重要特征之一就是具有强烈的社会责任感,具体表现为以下几点。

第一,既重视个人价值的实现,也重视社会价值的实现。当今社会,大学生的个体性、独立性得到了充分展现,但也存在一些问题。例如,一些大学生只关注自身的利益,而不顾他人与社会的利益;只注意自己的个体性,而忽视自己的社会性。

第二,既重视权利的享受,也重视义务的履行。具有健康人格的大学生能够将上大学作为实现人生价值的途径,充分利用大学各种资源练就一身过硬的本领,以回报社会,为建设和谐社会做出自己的贡献,而并非为了获得一张文凭,简单地找一份好工作。

第三,积极传承中国优良传统文化。随着对外开放的不断深入,各国文化的交融、渗透已形成不可阻挡之势,尤其是以西方价值观为主导的文化,在全球范围不断扩张,文化霸权与文化殖民主义悄然蔓延。在这种背景下,大学生应对中国几千年的优良文化传统予以重视,在保持自己民族文化特性的基础上,借鉴人类一切优秀的文化成果。

大学生健康的人格表现为全面性和整体性的统一,稳定性和发展性的统一,个体性与社会性的统一。大学生应发展成为全面整体的人、具有良好自我概念的人、具有创造性的人、具有良好社会适应能力的人。

第四节 大学生健康人格发展的机制分析

大学生健康人格的发展是健康和完善的自我意识、情感体验,其发展机制是内部因素和外部因素相互作用、相互补充的结果,体现了个人的心灵、行为和环境的完整结合。无论是从宏观还是微观上讲,人格都不是孤立的或封闭的系统,而是一个开放的系统;不是静态的系统,而是一个动态的系统。下面对大学生健康人格发展的机制进行具体分析。

一、机制的内涵

"机制"最初在自然科学中应用得比较广泛,有时也被称为机理,如光电转换机理、血液循环机理等,主要是指事物或自然现象的作用原理、作用过程及其功能。在社会科学中,"机制"有着非常复杂的引申义。概括而言,其基本含义主要有以下三种:"一是指事物各组成要素的相互联系;二是指事物在有规律性的运动中发挥的功能;三是指发挥功能的作用过程和作用原理。"[①]总之,机制实质上就是说明组织结构的运作原理以及运行方式、功能和效应等,是相对动态的。

揭示人格发展的机制是人格心理学研究的重要课题。人格的发展既有稳定的一面,也有变化的一面。影响人格发展的因素的复杂性决定了人格具有稳定性和可变性的特征。但是,在先天性和后天的教养哪个因素对人格发展具有更大的影响效力方面,存在着一定的分歧。为了明确天性与教养对人格发展所起的作用,引入了机制的概念,这样不仅可以对影响人格发展诸多因素

① 曾天德:《大学生健康人格塑造导论》,北京:中国社会科学出版社 2008 年版,第 161 页。

之间的相互作用进行理解，而且还有利于进一步揭示人格发展的实质。

从机制的角度来审视人格发展的过程可以看出，构成人格各个要素之间是相互依存的，它们之间的作用并不是简单地相加或会合，各因素交互作用的方式有很多种，主要可以归纳为以下三种："(1)反应的交互作用。同样的环境影响对具有不同遗传特点的个体会产生不同的体验、解释和反应。(2)唤起的交互作用。不同遗传结构的个体因其自身的特征，可能会唤起不同的环境反应。(3)主动的交互作用。随着个体的成长，自身主动性不断增加，具有不同遗传结构的个体可能超越外界提供的现成条件，主动地寻求、改变和创造自己喜爱的环境，而这些环境又会进一步塑造其人格。"①从中可以看出，人格发展机制是一个多种因素相互影响的过程，并随着个体自身发展其交互作用的自觉性和能动性不断加强。

二、大学生健康人格发展的动力机制

人格发展的动力机制对于个体进行价值和需求的评价和选择，并解决内部心理冲突和提供人格倾向形成的动力系统有着重要的指导作用。明确人格发展的动力机制，能够为促进大学生借助已有的内部经验对外界环境信息进行加工整合，使其行为模式或人格倾向朝着适应社会进行变化提供重要的理论依据。人格的动力机制指导个体对自身刺激和外部环境作出积极的反应，对人格的形成和发展具有非常强的自主性。正如班杜拉所说，"人具有自我反应能力，这些能力使人能够对自己的情绪、思想和活动进行某些控制"。这种能力主要来自于人与环境交互作用过程中个体内部人格动力运行机制的作用。

与中小学生相比，大学生的心理发展相对成熟，人格发展的

① 郭永玉等:《人格心理学导论》，武汉:武汉大学出版社 2007 年版，第 321—322 页。

主动性更加明显、突出，也就是说，人格发展的动力机制更主动地选择适合自己的环境。这种积极主动性具体表现为大学生能在承认个体差异的基础上，不断对社会自我进行自主选择和认同，并注重个体自我的积极建构，其动力就是在主体自我对客体自我的不断追问和建构过程中形成的，从而推动了个体人格不断完善。这种动力机制既强调了社会对大学生角色的要求，同时也非常注重大学生作为生命个体对自身的批判反思以及价值选择。如果单纯强调社会对大学生的要求，而忽略大学生自身的独特性发展，自然也就没有人格可言。因此，我们可以将大学生健康人格发展的动力机制描述："在社会环境刺激和要求下，大学生依据自身发展需要产生倾向性需求，经过内化的经验、价值追求和认知模式进行批判反思和价值选择，在此过程中产生了某种动机，并自觉依据具体情境特性作出相应的态度和行为方式"。① 其运作过程如图 5-1 所示。

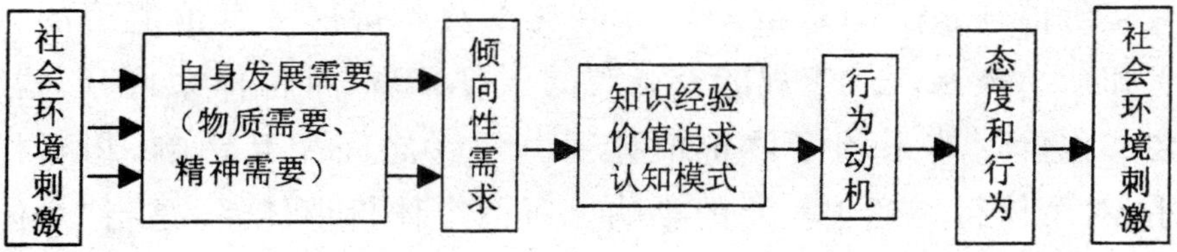

图 5-1

从实质上讲，人格发展历程就是个体根据已有的经验，与外界进行相互影响，并建构起一种协调自身行为与社会关系的价值体系。这种价值体系主要发挥以下几点作用：一是促使主体自我与客体自我之间进行积极互动，并在互动中通过认知、判断等方式形成相应的情感态度等；二是反映了个体的具体需要和利益，以及为实现自己利益和需要做出的主观努力；三是对来自智慧、情感道德和意志三种力量进行有效的整合，对人格发展进行评价与指导。因此可以说，价值体系是人格结构的核心部分，是人格

① 曾天德：《大学生健康人格塑造导论》，北京：中国社会科学出版社 2008 年版，第 163 页。

特质建构的动力机制。所建构的价值体系结构因素之间只有做到和谐统一,才有利于其整合、调节和监控作用的发挥,才有利于促进人格的健康发展。

三、大学生健康人格发展的调节机制

建构一个健康的价值体系是大学生健康人格塑造的深层次的核心问题。价值体系具有整体性的特征,它是个体行为的内在调节和监控系统。健康的价值体系能够做到与整个社会发展的协调一致,大学生之所以会出现各种各样的心理问题,主要是其在社会化过程中错构的价值体系导致的。因此,对大学生健康人格发展的调节机制的分析主要可从对个体价值体系的认识着手。

(一)个体价值体系的实质

价值体系主要是指一套价值观以及支持这一套价值观的构想和信念体系。从宏观的及微观的角度来看,价值体系可分为社会文化价值体系和个体价值体系。两者之间相互影响,相互作用,对个体行为产生重要的影响。所谓个体价值体系,是指"个体在其人格发展中所建构起来的一套具有支配和调节人心理行为的对世界、对人、对事的价值信念系统"①。因为"个体价值被认为是影响外在行为的一种心理倾向,是个体性格中比较全面及稳定的一部分"②,所以个体价值体系成为个体行为的内在发展动力以及人格的核心部分。个体价值体系是个体在与客观环境相互作用的过程中建构起来的,具有主观能动性的特征,它决定了个体人格发展具有差异性特征。此外,人格中的价值体系差异性还受到社会存在的影响。

---

① 曾天德:《大学生健康人格塑造导论》,北京:中国社会科学出版社 2008 年版,第 165 页。

② 杨宜音:《中国社会心理学评论》(第一辑),北京:社会科学文献出版社 2005 年版,第 68 页。

具体而言，可从以下三个层面来揭示和把握人格发展中价值体系的本质特征。

(1)从形式上看，价值体系是个体在主体自我与客体自我的相互作用中，形成对客体基本价值的认知，进而形成对待客观现实的情感态度。

(2)从内容上看，价值体系集中反映了个体的根本地位、利益等。

(3)从功能上看，价值体系在人格形成过程中发挥着重要的评价与导向作用，可以说，价值体系对主体人格的形成起着决定性的作用。同时，它也是主体衡量事物轻重、权衡得失的重要手段。

(二)个体价值体系的功能

价值体系在主体的社会活动中主要具有以下几方面的功能。

1. 价值选择与确定作用

社会中复杂的事物和信息只有成为人们认识的对象，才能为人们所了解。人类的认识以及思维活动具有主观能动性，能根据自身的需求对外界信息进行自主选择。需要注意的是，选择是建立在个体的思维方式之上的，根据自身已有的经验，对外界事物进行筛选，进而决定取舍。选择是一个复杂的心理过程，通常包括价值标准选择和比较选择。

可以说，价值选择是人格塑造的关键，它标志着原有人格的完成以及新型人格塑造的开始，在人格塑造过程中起着承上启下的作用。

2. 价值整合与加工作用

整合作用就是“主体从自己的思维方式和知识、价值观念出发，根据自己对外界信息进行诊断，选择相应的加工策略，设计出处理信息和解决问题的方案、程序和方法”[①]。个体通过对能够解

---

① 曾天德：《大学生健康人格塑造导论》，北京：中国社会科学出版社，2008年，第168页。

决自身心理矛盾的实践经验进行整合，获得一种解决心理矛盾的能力。外界信息想要对个体发生作用，通常需要经过整合和重建，只有与主体原有价值观念相一致的信息，才能进入主体的认知结构，引起其人格结构的变化。

3. 价值内化与调节作用

个体在自身的社会实践活动中，能够对所整合的信息进行检验与评估，并对结果进行及时反馈和总结。

（三）个体价值体系与人格塑造的关系

从人格心理学的角度讲，人格是指“个体在行为上的内部倾向，它表现为个体适应环境时在智力、情绪、兴趣、态度、价值观、气质、性格和体质等方面的整合，是具有动力一致性和连续性的自我，是个体在社会化过程中形成个人特色的心身组织”①。价值体系与个体自身的认识和实践活动密切相关，每一种价值体系都包含着特定的认知方式、价值观念以及价值标准，这也是个体在实践活动中判断和评价外界事物的重要依据。在大学生人格社会化过程中，价值体系与人格形成过程关系如图 5-2 所示。

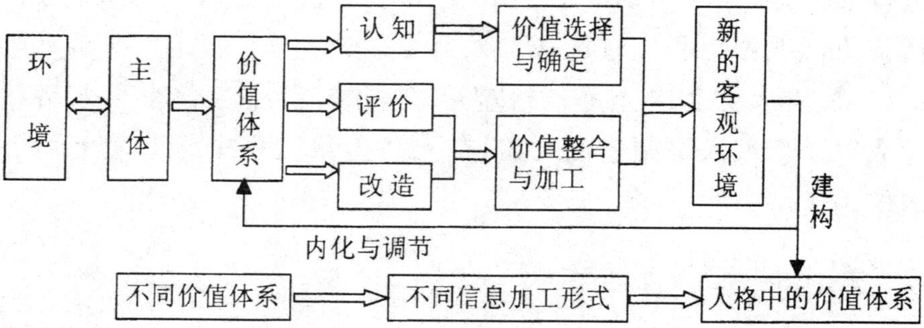

图 5-2

个体的价值体系是在主客观条件的相互影响下建构起来的，

① 曾天德：《大学生健康人格塑造导论》，北京：中国社会科学出版社 2008 年版，第 170 页。

主客观因素的不同使得个体所建构的价值体系也不相同,这一差异性导致了人格价值体系结构表现为一定的差异性。新建构的价值体系对原有的价值体系产生影响,使其进一步调整。价值体系的构建过程与人格的形成过程具有稳定性和可塑性的特点。价值体系在建构过程中既会形成健康的价值体系,不可避免地也会出现错构的价值体系,这两种价值体系对于人格的塑造有着不同的影响。不同的价值体系为不同类型的人格塑造提供了不同的内在机制。

1.健康的价值体系与健康人格

健康的价值体系是塑造健康人格的重要基础,它能够与社会公认的价值保持一致。健康的价值体系有利于防止个体产生不良的心理情绪,并能够对个体的行为进行有效的引导,在促进人格健康发展方面发挥着重要的作用。主要体现在以下几点:一是健康价值体系有利于指导个体在面对复杂的社会事物时做出准确的判断;二是健康的价值体系有利于引导个体形成正确的思想观念,正确处理社会现实中的各种问题;三是健康的价值体系有利于引导个体解决内心矛盾。因此,健康的价值体系有利于健康人格的调节机制的形成。

2.错构的价值体系与人格障碍

错构的价值体系是指个体的价值判断与社会公认的价值体系相偏离的表现。受到错构的价值体系的影响,个体往往无法对客观信息进行准确的选择或客观的评价,甚至会吸收大量外界消极信息,进而会阻碍个体人格实现社会化。

价值体系的构建在人格形成和发展过程中有着重要的影响。价值体系是人的社会化进程中的核心内容,同时也是人格结构建设的核心要素。如果所建构的价值体系能够实现内在的和谐统一,并具备整合、调节和监控等作用,就有利于健康人格的塑造;相反,则会导致人格障碍的出现。可以说,健康的价值体系和错构的价值体系是划分不同人格类型的主要依据，根据价值体系的健康与否，可以将人格划分为平衡性人格类型和非平衡性人格两种类型。根据价值体系结构中的智慧、情感道德和意志等程度的不同，又可以将两种基本的人格类型进一步划分为不同的人格类型，如图 5-3 所示。

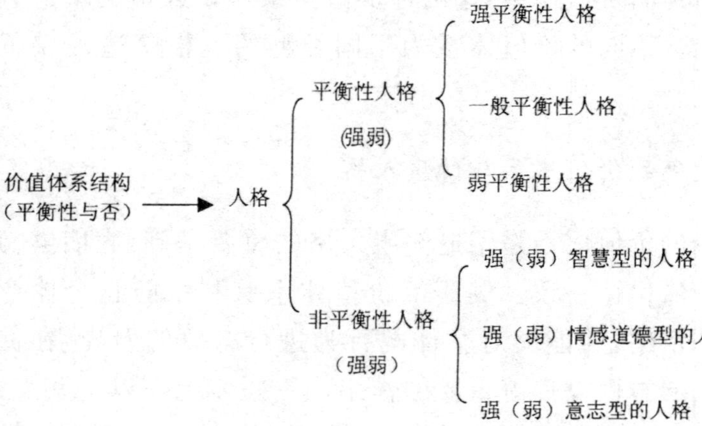

图 5-3

这种从价值体系结构平衡性以及强弱程度两个维度划分人格类型的观点对于大学生健康人格的塑造有着重要的指导意义。

第六章 大学生健康人格教育现状研究

大学生的人格因素与其心理健康、学业成绩状况以及毕业后的职业生涯密切相关，具有健康人格因素的大学生不仅能保持健康的心理，还有助于对自我潜能的积极开发，有助于增强对社会的适应能力，因而是大学生能够顺利地健康成长与成才的保障。同时，踏实、刻苦、自信、坚韧等人格也是大学生顺利完成学习，并在毕业后不断获得发展的基础，因此，塑造大学生的健康人格已经成为当前高等教育的一个重点。然而从我国目前情况来看，大学生的人格教育已迫在眉睫，但大学生健康人格的教育现状却不容乐观，有鉴于此，我们在分析了大学生健康人格教育现状的基础上，提出了一些促进大学生健康人格教育的对策，以期为大学生健康人格教育提供一些思路。

第一节 大学生健康人格教育的现状分析

从当前大学生的人格现状来看，这些成长于“6＋1”(或称“421”)家庭结构中的90后大学生存在着早熟、另类、情绪化、张扬、自我中心等多种问题，还有不少大学生存在人格缺陷。当前高等教育也已经注意到了大学生的人格问题，并有意识地将健康人格教育融入高等教育之中，因此相比新中国成立初来说，当前的大学生健康人格教育取得了一些成就，如一些学者开始关注和考察国外人格教育的理论和实践，从而使人格健康教育出现了一些新的理念和方法；高校设立了人格教育体系，建立人格教育系统的理论模式与操作模式;许多高校都针对大学生人格方面的问题开展心理咨询与辅导、心理危机干预,并专门开设人格健康教育的课程、专题讲座、现场辅导、咨询热线等。然而大学生健康人格教育是一个非常复杂的过程,它着眼于大学生全身心的和谐、健康发展,提倡通过有目的、有计划地提高大学生整体心理发展水平,使大学生能最大限度地发挥自己的社会适应能力和改造社会的巨大潜力,并以此作为自己的人生追求,进而使自己的人格得到塑造和提升,最终达到形成健康人格的目的。因此,虽然我国当前的大学生人格教育取得了一定的成绩,但相比一些发达国家而言,我国的大学生健康人格教育依然存在以下不足之处。

一、高校大学生健康人格教育失位

大学生作为促进社会和谐健康发展的后继力量,其人格状况如何,不仅直接关系到他们能否成为我国社会发展的栋梁,而且直接关系到我国未来的发展。因此,开展大学生健康人格教育是十分必要的。而高校作为高等教育的直接承担者,必然也应担负起大学生健康人格教育的任务。然而从实践情况来看,我国高校在开展大学生人格教育方面依然存在诸多问题,这些问题主要表现在以下几方面。

(一)侧重宏观教育使得很多宏观理论并未真正融入大学生健康人格教育之中

大学生健康人格教育作为培育优良人格的系统工程,它在高校德育系统中具有举足轻重的作用。然而,受多年应试教育制度的影响,分数被当作考核学生的唯一方式,从而使得原本应该承担起大学生健康人格教育任务的高校德育大都侧重于宏观教育,只注重对大学生科学的人生观、价值观和思想观的培养,这无疑也是非常重要的,但却由于其未将宏观教育与微观教育结合起来,从而使得很多高尚的大理论并未被纳入大学生的实际行动中去。

(二)大学生健康人格教育的地位欠缺精准

当前大多数高校奉行“大楼、大师、大爱”的信条,“一方面侧重于知识教育、技能教育等可量化的教育模式,一方面把不可量化的人格教育、道德教育、人文教育等融为一体,统一在高校德育这一范畴之内”[①],一些并不适合人格教育的方法被引入人格教育的领域,导致了大学生健康人格教育只重视对大学生个体的行为及其道德品质的培养,而忽视了大学生个体发展及其个性心理的需要与构建,使得大学生的个体人格与社会存在脱节与不和谐的现象,最终造成大学生人格结构的倾斜与残缺。

此外,虽然也有一些高校相继提出了感恩教育、诚信教育等有关大学生健康人格教育的口号,但却并没有真正着手实施这些教育,而只是将其简单地划归到心理健康教育领域,或者把它并入高校德育课程的范畴,从而大大削弱了大学生健康人格教育的价值。[②] 可以说,到目前为止,我国各级高校还没有哪一所高校在教育体系中专门建立了健康人格教育这一体系,也未将健康人格教育与道德教育、人文教育进行明显的区分,使得很多教师和大部分学生都说不出大学生健康人格教育的内容是什么,有什么培养目标。

(三)大学生健康人格教育的广度、深度及水平较低

在面对大学生的一些人格障碍问题上,大多数高校采取的措施都是对这些问题的矫正或行为调试,而缺少积极的干预措施。且高校心理健康教育的内容范围较广,大学生的健康人格教育只占了其中很小的一个比例,所以当前的大学生健康人格教育在教育活动的深度、广度、活动水平等诸多方面都与大学生的心理发展需要存在一定距离,即虽然大学生健康人格教育在认识上引起

---

① 王风圳:《现代大学生人格教育研究》,华东师范大学硕士论文,2012 年。

② 陈绍珍:《当前我国高校人格教育存在的问题与对策研究》,华东师范大学硕士论文,2009 年。

了不少高校的注意,但在具体实践上仍未真正到位。再加上很多高校对大学生健康人格教育与其积极性干预的正面宣传不到位,使得一些大学生还存在传统的“去进行心理咨询的人都是不正常的人”的错误意识。这样一来,即使一些大学生确实存在一些严重的人格障碍,但却不愿意去主动地咨询心理教师,从而导致大学生自我人格缺陷的形成。

(四)未形成一支能担负起大学生健康人格教育重任的师资队伍

大学生健康人格教育的实施离不开一批专业的人格教育师资的支持,他们是教育活动的组织者和指导者,在教育活动中不仅要“言传”,更要“身教”,不仅要能够向大学生传授知识,更要使大学生在与他人、社会的交际互动过程中,能够体验到平等、尊严、友善、信任等美好的感情,从而受到鞭策和召唤,形成积极健康的人格特征。而从我国当前的情况来看,在高校师资队伍中,真正能在向大学生传授人格方面知识的同时,又利用各种科学合理的教育手段培育并促进大学生健康人格发展的教师并不多;真正能深入到大学生群体中去,通过自己的专业知识和人格魅力去影响大学生,使其形成健康的人格特征的教师也不多。因此可以说,目前我国并未形成一支能够担负起大学生健康人格教育重任的师资队伍。

(五)大学生健康人格教育的方式欠缺合理性

当前我国高校在开展大学生健康人格教育时,常常会采用课堂教学的模式,在教学方法上较为死板、教条,注重整体、忽视个体,重视普通、忽视特殊,根本无法满足不同层次大学生的需求。再加上许多健康人格教育课程的开展方式或者是像传统授课方法一样是对人格知识的“满堂灌”,或者是通过组织讲座等方式向学生宣传和灌输符合国家要求和社会标准的道德准则和行为范式。这些方式极容易使学生产生厌烦心理,因此教学效果也不理想。

(六)大学生健康人格教育陷入误区

由于心理健康教育是影响和改变人的心理与行为的科学,它会对个体人格的完善起到非常重要的作用。因此当前高校开展大学生健康人格的教育主要是将其放在大学生心理健康教育的范畴下开展,导致大学生健康人格教育陷入以下误区。

1.以心理咨询代替大学生健康人格教育

一般情况下,高校进行心理健康教育都是从心理咨询开始做起的,他们在开展心理健康教育时,常常会设立一个心理咨询室,之后委派一个心理教师,守株待兔地等待着学生来访。这样一来,融于大学生心理健康教育的大学生健康人格教育便会被心理咨询所代替。而在高校心理咨询活动的开展过程中,从事心理咨询活动的教师一般分为三类:第一类是有心理学资质或相关专业院校的专业教师,这些教师一般承担着整个学校学生的咨询服务工作,但也有大量的科研和教学任务,因此其值班时间未必能够保证,即使到岗经常也容易一心多用,因而也就影响了心理咨询的效果。第二类是本校具有心理学相关资质的教师,他们一般是以兼职的身份来承担大学生的心理咨询工作,因而也不能做到全心投入,且咨询的时间也得不到保证。第三类是专兼结合的教师,这类教师虽然相较兼职教师要好很多,但也会因为兼职人员的岗位特点使得心理咨询的效率和效果相对而言要差一些。

2.重视心理咨询,轻视对大学生发展性能力的培养

鉴于我国大学生群体的特殊性,以及高校心理健康教育所承担的教育职能,目前在大学生心理健康教育领域,理论界比较一致的观点就是坚持和侧重心理健康教育的发展趋向。然而在实践教育活动中,仍然普遍存在着注重对大学生障碍性心理问题的咨询与帮助,而忽视了对大学生发展性心理能力的积极关注与培养的问题。大学生健康人格教育作为高校心理健康教育的一个

组成内容，自然也具有这方面的问题。

3. 理论简单照搬，遭遇实践“瓶颈”

我国大学生健康人格教育的理论几乎全部为舶来品，虽然借鉴西方理论研究的先进性与前沿性是十分必要的，但任何一种理论与方法都有其特定的时代背景，产生于特定的人群与问题中，若单纯只用一种理论来解释不同地区、不同背景、不同文化下的不同人群的错综复杂的心理现象是不客观的。换句话说，希望直接运用产生于西方人文背景下的人格理论来指导我国当下的大学生人格教育是不科学的。其原因在于，任何一种理论方法都随着时代、对象、问题、国情、环境的变化处于不断变化之中，若一味用不适合的理论来指导教育实践，必然会出现各种问题。例如，心理症状自评量表 SCL—90 的样本就是取自西方人群，其常模与西方人群匹配，用来给高校大学生做测量时，如果其筛选标准不做调查，那么就很有可能导致大学生心理不健康的比例偏高。

二、家庭教育忽视了对大学生健康人格的养成

虽然高校在培养大学生的健康人格方面起着关键的作用，但是家庭与社会对大学生人格的形成及其发展也会产生非常重要的影响。其中，家庭作为社会中的一个微小细胞，也是开展大学生人格教育的沃土，在大学生的成长环境中，父母及其家庭环境会以一种全方位、综合的方式影响着大学生的心理健康水平和健康人格的形成。例如，父母离异、亲人亡故、关系不和等，易使人长期紧张、忧郁、兴奋、形成自尊、自卑、感情脆弱，导致人格障碍。可见，作为整个社会的基本单位，家庭应在大学生健康人格教育方面担负起应尽的义务。然而从目前的情况来看，我国的大学生的家庭教育现状是令人担忧的，不少家庭存在着教育功能弱化的现象，从而严重影响了大学生健康人格的养成。具体来看，家庭教育忽视对大学生健康人格的养成主要体现在以下几方面。

(一)家庭结构变化失控使得大学生人格出现缺陷

随着离婚手续的简化、移民文化以及传统观念的改变,近年来我国的离婚率逐年上升,家庭的自然结构遭到破坏,使得离婚家庭的学生不能充分享受父母的关爱,而且也因为受到一定的社会压力和不公正对待,从而在心理上有不同程度的破损。在父母婚姻不良的家庭中,从夫妻的情感破裂到正式离婚,都会给子女带来不同程度的痛苦,使他们很容易产生"我的家庭是不幸的""我是没人要的孩子""我的命不好"等消极悲观的想法。这些想法都会对青年学生的人格产生不利影响,并会在一定范围导致青年学生在形成健康人格过程中出现严重的缺陷。

(二)不适当的家庭教育理念与方式使大学生出现人格障碍

在高效竞争的社会背景下,许多家庭对子女的教育理念中都包含着"望子成龙""望女成凤"的思想。这种期盼子女成才的心理虽然是正常的,但若忽视了子女的个性发展特征,过分压抑子女的个性发展又会导致子女产生强烈的逆反心理,进而产生对抗行为。例如,某些大学生自小在严格的环境下长大,父母将考上重点大学、学习好等要求强硬地压在子女身上,而没有考虑过他们的个性特征。在进入大学之前,由于父母的严格管教,他们可能不会表现出某些问题,而待其进入大学后,随着学习、生活环境的变化,以及自主性、独立性的增强,一些大学生便会产生一些人格障碍,如以自我为中心的自恋型人格障碍,行动反复无常、急躁易怒且冲动的主动攻击型人格障碍等。

需要注意的是,这些错误的家庭教育理念往往又会与错误的教育方式相联结,这些错误的家庭教育方式给大学生的健康成长带来了极其严重的损害,有的还会引起大学生出现人格障碍,甚至还会导致大学生人格的变态。例如,在教育过程中,有的家长在涉及子女个人健康和生命方面的问题时,就会表现得极为严格,但在涉及个人和家庭与社会关系的问题时,又会听之任之,导致子女出现胆小、任性、不合群等不良表现。还有的家长在教育中，对子女一味娇惯溺爱，使其具有利己、嫉妒、自满、爱虚荣、自命不凡等不良心理特征。还有的家长则粗暴打骂，如上海和武汉就曾发生过父母将一贯表现良好，但偶尔出现失误的大学生子女活活打死的惨案。还有的家长因为过分干涉子女，而引起子女人格的变态，进而导致家庭惨剧的发生。例如，北京和上海就曾发生过因为父母过分干涉子女的选择，而被大学生子女杀害的悲剧。

（三）不科学的家庭教育忽视并阻碍了大学生健康人格的形成

受长期应试教育制度的影响，相当一部分家长在子女考上大学后，便将精力放在为子女提供经济支持和物质支持上，常常是子女想要什么，就给什么；想干什么，就允许干什么，有的甚至会满足子女一些无理的要求。这些行为都在很大程度上助长了大学生不合理的思想观念，使其逐步形成了以自我为中心的人格。具有这种人格特点的大学生主观自我评价高于客观自我评价；对他人的评价十分敏感，喜欢听到别人的赞扬，讨厌听到别人的批评，常常会听到批评便暴跳如雷；过度自信和自尊，缺乏失败的生活经历和经验，若遭受挫折，很容易心情紧张，甚至产生心理崩溃；很少站在别人的角度看问题，因而人际关系比较紧张。因此，以自我为中心的人格是一种对大学生的个人发展极其不利的人格缺陷，而这种人格缺陷产生主要是由家长不科学的教育观念所导致的，因此家长必须予以重视。

第二节　大学生健康人格教育的对策研究

大学生健康人格教育的一个重要任务就是培养和造就一批具有和谐发展理念、掌握和谐发展规律、具备和谐社会建设素质能力和健康人格的大学生。而从我们对当前我国大学生健康人格教育的状况来看，其情况并不容乐观，因此，加强和改进大学生的健康人格教育已经成为当前大学生心理健康教育的一个重要工作。在这里，本节主要对大学生健康人格教育的对策进行概要的介绍。

一、重视以人为本的原则，促使大学生形成健全人格

在人类的思想发展史中，尊重人的价值与尊严的“人文精神”在不同的时间、空间和地域都占据着十分重要的地位。它不仅是对全面发展的理想人格的一种肯定与塑造，而且是社会中的个体对作为人的尊严的一种认可和尊重。我国正处于社会转型期，剧烈的社会变革很容易对大学生的人格、思想产生影响，使其受到如“金钱至上”等不良思想观念的影响，产生人格缺陷，这不仅会对大学生的个人成长与发展产生不利影响，而且也会对我国社会主义建设事业能否成功产生重要影响。有鉴于此，在开展大学生健康人格教育的过程中，我们应重视以人为本的原则，通过尊重、肯定大学生的人格尊严来推动大学生健康人格的塑造。而要做到这一点，可从以下两方面入手。

第一，大学生健康人格教育应在尊重大学生独立人格的基础上，保护每一个大学生的人格与自尊心，并利用各种方式与方法帮助他们充分发掘自己的潜能，最大限度地发展自己的个性，实现自己的价值与理想。

第二，大学生健康人格教育应注意发挥大学生群体的主动性，将大学生个体作为大学生健康人格教育的出发点与归宿，并在教育活动的开展过程中，重视大学生自我的内在需求，以结合他们的内在需求不断调动他们的积极性、主动性与创造性，推动大学生群体积极、主动地发展和完善自己的人格。

在这里需要注意的是，虽然进行大学生健康人格教育要注重发挥大学生的主体性，但大学生由于长时间处在校园这座象牙塔之中，很容易受到外界不良思潮或氛围的影响而出现人格缺陷，

若教师对此完全放任不管，必将导致大学生的人格出现问题。因此，重视以人为本的原则也需要肯定教师的主导作用，要注意发挥大学生主体性人格的教育实践活动中教师这项外因，以便在培养大学生健康人格的同时，让大学生群体树立一种独立自主、自强不息的精神，以便使其在步入社会后，能更好地为我国的社会主义建设事业贡献自己的力量，并尽可能地通过这种精神影响更多的人。

二、将社会主义核心价值观融入大学生健康人格教育之中

党的十八大报告明确提出了“三个倡导”的社会主义核心价值观，即“倡导富强、民主、文明、和谐，倡导自由、平等、公正、法治，倡导爱国、敬业、诚信、友善，积极培育社会主义核心价值观”。这一价值观是在面对世界范围思想文化交流、交融、交锋形势下价值观的态势下，在改革开放不断深入与社会主义市场经济不断完善的基础上提出的一种科学价值观。它不仅能够巩固全党全国人民团结奋斗的共同思想基础，而且能为全面建设小康社会、实现中华民族伟大复兴提供巨大能量。

在当今社会，由于我国正处于市场经济不断完善与发展的时期，经济建设成为当前我国的一大重要任务，因此很容易出现重视物质文明而忽视精神文明的一面，进而导致我国“物质文明一手硬，精神文明一手软”的局面，这种社会局面容易滋生拜金主义、享乐主义等不利思想。从象牙塔走出来的大学生，由于人格发育并未完全，很容易受到这些思想的腐蚀，导致很多大学生人格缺陷的形成。可以说，当今大学生所面临的多种价值冲突比过去任何时期都来得强烈，面对多种价值观念的冲突，大学生原本在校园中所建立的单纯的价值体系很容易受到影响和破坏，伴随着这一破坏举动的是大学生内心的矛盾与焦虑，而这些矛盾与焦虑又很容易使大学生的人格出现偏差，产生各类人格障碍。因此，在当今这样一个多元化文化的大背景下，在大学生健康人格

教育的进程中加强大学生社会主义核心价值观的引导，使其建立科学的、和谐的价值观念尤为重要，它可以使大学生在日常的学习与生活中自觉而有效地内化与顺应新的价值系统，以重构高一级的价值体系去适应和谐社会发展的要求。具体来看，将社会主义核心价值观引入大学生健康人格教育中可从以下几方面入手。

第一，要将社会主义核心价值观融入大学生的心理健康教育之中，以马列主义、毛泽东思想、邓小平理论、“三个代表”重要思想、科学发展观为指导，深入贯彻党的十八大精神，将中国特色社会主义理想、爱国主义教育等融入大学生人格教育之中，以增强他们的爱国精神，增进他们对党的领导的信心。

第二，全面加强对大学生人生观、思想观、价值观、世界观的教育，并将社会主义核心价值观融入对大学生的这些思想观念的教育中，以便从根本上防止大学生价值体系的片面发展。

第三，将“八荣八耻”的社会主义荣辱观引入大学生人格教育之中，以便使大学生能够知荣辱、明是非、正言行，形成宽容礼让、与人为善的健康人格与和谐的校园文化。

第四，积极引导大学生对多元文化下的各种价值体系及其深层问题进行比较分析，并及时关注他们在多元价值体系的冲突下内心的价值冲突及其变化特点，在采取科学合理的手段与方法帮助大学生调节这些心理冲突的同时，引导大学生结合自身原有的价值体系不断提高自己的价值判断能力与选择能力，从而形成普遍化的社会核心价值取向。

三、发挥学校在大学生人格教育中的主导作用

人格的形成与发展既受先天遗传因素的影响，也受后天环境的影响，虽然不能够对先天因素施加影响，但在后天方面却可以通过塑造良好的生活环境，帮助人塑造健康的人格。对于大学生而言，其生活的一个重要环境就是学校，因此我们应发挥学校在大学生人格教育中的作用，为其人格的发展与完善创造道德教育

的多种情景和场所，最终实现塑造大学生健康人格的目的。具体来看，发挥学校在大学生人格中的主导作用可从以下几方面入手。

(一)优化大学生健康人格的课堂教学

大学生的一大重要任务就是学习，而其学习的完成很大部分是在课堂上进行的，同时不少高校开展大学生健康人格教育都是通过心理健康教育课程来完成的。而在心理健康教育课堂上，教师所选择的教学内容往往侧重于对道德理想、价值观等内容的灌输，在教学方法上，教师也往往只是通过向大学生讲述一些抽象的概念，或者向大学生介绍一些具体的事例来完成教学任务，而并没有对其进行深入的、细致的分析，如并未向学生解释究竟什么是人格、人格包括哪些要素、健全健康的人格具有哪些特征、社会的发展需要的人格特质是什么、如何才能培育出健康的人格等。此外，长期受应试教育的影响，智育在大学教学中占据了重要位置，这也使得大学生健康人格教育为了弥补其他课程的缺陷，而侧重于从道德层面来培养大学生的思想，最终忽视了对大学生情感与意志等方面的培育。

有鉴于此，我们必须不断优化大学生健康人格教育的课堂教学，要做到这一点可以从两方面入手，一是不断完善大学生健康人格教育的方法，二是不断完善大学生健康人格教育的内容。

教学方法介于教师与学生之间，它是教师与学生之间的中介和桥梁。若教师能够科学、合理地选择和有效地运用教学方法，则教学活动事半功倍。而教学方法存在多样性的同时，又常常不可避免地会在某一方面存在这样或那样的缺点。例如，讲授法可以帮助学生了解一些人格方面的具体而系统的知识，但却容易因教学方式单一而使学生丧失学习的兴趣。因此，在大学生健康人格教育的过程中，教师应根据具体教学内容的特点以及大学生的实际情况灵活选用教学方法。如在讲授人格方面的理论知识时，除了必要的讲授法之外，还可以将引导法、活动法、探究法引入课堂教学中，通过这些方法来进行大学生自主性人格的培育、大学生集体精神和团体意识的培育、大学生创造性人格的培育等，以便全方位地培养大学生的人格素质。

在这里需要注意的是，教师选择教学法应注意以下两方面因素：第一，由于大学生健康人格教育的最终目的就是要促进大学生人格的健康发展，它是构成大学生健康人格教育活动的所有要素存在的意义和价值所在，因此在选择教学方法时要以为教育活动服务、促进大学生的人格的健康发展为目的。这就要求教师必须据此教学目的的实际需要，将大学生的人格发展特征和需要作为根本出发点来选择教学方法。第二，教师选择的教学方法应以促进教学得到最大的优化为基本要求，这就要求教师在进行教育活动设计时，需要对大学生健康人格教育的目标、内容、环境、大学生的身心发展特点等方方面面进行综合的、系统的准备与分析，并对教学方法和大学生健康人格教育活动中的各种因素之间的关系进行协调和考虑，以便教学方法的选择服务与整体教育活动设计，从而使各种组合要素的整体功能得到最大化的效果。

优化大学生健康人格的课堂教学，除了要不断改进教学方法，选择科学的、恰当的教学方法来提升课堂的教育效果之外，还需要不断完善大学生健康人格教育的内容。这就要求高校在开展大学生健康人格教育时，一方面要能使所授内容贴近大学生的现实需要，能够弥补其他各类课堂的缺陷，更多地侧重于涉及一些大学生在日常的学习与生活中常常会遇到的问题和困难，并通过引导他们发现、分析与解决这些问题，以便能切实达到大学生健康人格教育的应有效果；另一方面要求教师以时代特征为主题，坚持以人为本的原则，优化更新高校人才培养方案中的人格教育部分，使其既能体现社会现实情况，也同样符合学生的思想发展现状，以便积极更新教学内容，达到与时俱进的效果。

（二）不断促进大学生人格价值体系的有效整合

大学生在人格社会化的过程中，很容易因自身身心发展特征或社会环境的因素的影响而产生动机冲突，诱发人格障碍。作为高等教育的重要承担者，高校应肩负起促进大学生人格价值体系有效整合的责任，而要做到这一点，就需要高校在开展大学生健康人格教育的过程中，要注重对大学生价值内涵与精神品性的培养。具体来看，可从以下两方面入手。

第一，在开展大学生健康人格教育时，高校应注意“为大学生提供人格成长的方向与人生价值判断的尺度，尊重发展中的个体及作为潜在的或显在的道德活动的主体所应有的人格尊严”①。换句话说就是，高校要尊重大学生的道德尊严与人格尊严，这不仅是一切教育活动的本质要求，也是大学生人格发展的基本需求。大学生健康人格教育只有尊重大学生的道德与人格尊严，才能在教育活动中以大学生为主体，也才能给大学生人格的自行建构或整合其人格价值体系予以内在的动力和深沉感召力，从而使大学生将外部灌输的人格知识转化为内部需要，进而推动大学生人格价值体系的有效整合。

第二，应将大学生健康人格教育与青少年自体构建的价值引导有机结合起来，从而增强大学生健康人格教育的纵深度，形成一条发展学生健康人格的教育链，从而使大学生能够在教师创设的特定的环境与情境中，进行自我价值情境的思索与探索，以便让大学生能够自觉地将社会上所共同认同的思想、理想、道德等内化为自己的自觉行为，从而形成与社会人格一致的自我人格。

（三）培养大学生健全思维方式，使其养成乐观情绪

思维方式作为人格结构的重要组成部分，不仅直接反映着个人的世界观，而且制约和体现着个人的价值观。因此，一个人的思维方式是否健全科学，将会对其道德乃至人格的发展产生重要作用。有鉴于此，在进行大学生健康人格教育时，一定不能忽视对大学生健全思维方式的培养，这就要求在开展教育活动时，必

① 王鲁宁、陶春明：《新时期大学人格教育的构建与途径》，《南通职业大学学报》2002年第4期。

须以对中国传统思维方式进行扬弃为基础，以当代社会的发展为参照，促使大学生形成“以生成性思维模式和以理性思维为主，经验、直觉和形象思维为辅的现代思维模式”[①]。

此外，考虑到思维方式属于理性的认知方面，与之相对的是属于感性认知的方面的情绪情感方式，结合当前大学生的情绪状况以及大学生健康人格教育的实际，我们认为也有必要对大学生进行情绪情感的培育，使其养成乐观的兴趣。这就要求大学生健康人格教育应通过合理的措施让大学生掌握积极调解自我不良情绪的方法，使其保持良好的精神状态。一般情况下，常见的调解自我不良情绪的方法有以下两个。

第一，合理宣泄不良情绪。宣泄是一种自我保健的有效措施，它虽然并不能从根本上解决不良情绪，但能够通过合理、恰当地将自己的内心消极情绪表露出来，让大学生的情绪迅速恢复正常，避免大学生的消极的情绪朝着更为严重的方向发展。在各种宣泄的方法中，运动、倾诉、饮食调节、音乐调节等都是合理宣泄的方式。

第二，学会自我安慰。面对挫折和打击，不管是谁都有可能陷入消极的情绪，大学生由于自我身心发展仍未完全成熟，因而在面对挫折时可能更需要合理的引导。在这种情况下，教师首先应对他们进行安慰，让他们认识到，挫折是人们在认识、改造世界的过程中必经的阶段，任何人在成长过程中都会遇到各种不同的挫折，从而帮助他们形成正确的挫折观。

(四)注意将大学生的人格发展需要与社会发展需要相协调

马克思说：“生产关系总合起来就构成为所谓社会关系，构成为所谓社会，并且是构成为一个处于一定历史发展阶段上的社会，具有独特性的社会。”[②]由此可见，只有整个社会处于全面协调

---

① 王风圳：《现代大学生人格教育研究》，华东师范大学硕士论文，2012 年。

② ［德］马克思、恩格斯：《马克思恩格斯全集》第 6 卷，中央编译局译，北京：人民出版社 1961 年版，第 487 页。

的发展态势下，健康的人格才会随着社会生产力水平的不断提高而逐渐形成并不断发展。有鉴于此，进行大学生健康人格教育时，需要将大学生的自我人格发展需要与社会发展需要相结合，不仅要针对青年大学生的发展性需要，而且要从我国教育强调从社会的需要、国家的需要来考虑，从而在发展当代大学生独立、自尊、创造性素质的同时，让他们能自觉遵守社会普遍道德与价值观。

四、结合中西方人格教育理念，促进大学生人格的发展与培育

在东西方文化不断融合的今天，加强和改进大学生健康人格教育更应该与时俱进，结合中西方的文化理念，在发挥中国传统人格思想，如注重人文精神、注重伦理、注重利他、注重和谐的东方品格和人文精神的同时，以开放与包容的胸怀，积极借鉴西方的人格教育理念，如崇尚科学、民主、自由、平等，强调独立自主、奋斗进取、竞争实力、创造进步、物质科学、民主法制等精神，促进大学生人格教育的层次化发展，使大学生的传统人格与现代人格科学整合，最终形成能适应建设和谐社会要求的健康的、和谐的、统一的新型人格。

五、营造良好的大学生健康人格教育氛围

良好的人格教育氛围不仅是大学生健康人格教育的实际需求，也会直接促进大学生健康人格教育的实施与开展，因此在推动大学生健康人格教育时，我们也应注意培养良好的大学生健康人格教育的氛围，以便从外部环境上为大学生的人格发展与培育提供支持。具体来看，营造良好的大学生健康人格教育氛围可从以下几方面入手。

（一）通过教师的人格魅力带动大学生健康人格教育

大学生人格的培养更多的是在各类环境下，发挥主观能动

性，积极主动地对大学生的人格进行塑造，而在这一个环境中，教师是非常重要的一环。大学生正处于自我同一性的形成期，对朋友同辈之间、师生之间的关系非常关注，也很容易去模仿，因此大学生健康人格教育就应抓住大学生的这一特点，通过突出教师的人格影响力来为大学生提供可以模仿和借鉴的环境。由于这部分内容会在第九章的第一节中进行具体分析与论述，因此这里不再赘述。

(二)加强高校校园文化建设

大学生正处在其世界观、价值观、人生观确立和稳定的关键性阶段，因此高校校园文化内涵丰富的思想性，对于在高校校园中学习、生活的大学生具有一定的导向作用。有鉴于此，在开展大学生健康人格教育时，应注意加强高校校园文化建设，以便通过形成有利于大学生健康人格培育与发展的校园文化环境，推动大学生健康人格教育的开展。而要形成有利于大学生健康人格的校园文化环境，就需要做好以下两方面的工作。

第一，建立尊重每一个人的校园文化环境。校园中的每一个人都有着不同的能力，为实现学校的目标做出了自己的贡献，在高校校园文化建设的过程中，要尊重与平等地对待校园中的每个人，创造一种和谐的校园氛围。

第二，增强大学生健康人格教育的影响力。大学生健康人格教育之所以目前还未脱离大学生心理健康教育，主要原因在于不管是教师还是学生都未真正意识到人格教育的重要性及其与心理健康教育之间的区别，因此就需要不断加强对全校师生成员健康人格教育的宣传，使他们真正意识到人格教育的重要性，从心理上认可这一教育活动，并自觉在教学与学习活动中，向发展与培育大学生健康人格的目标自觉靠拢，从而将全校各级师生都纳入到大学生健康人格教育体系中来。

(三)加强校园网络环境建设和管理

互联网是当代大学生生活与学习的一项重要工具，但就如同任何工具一样，互联网也具有两面性：一方面它可以为大学生提供丰富的知识，为大学生的人际交往与互动提供便利；另一方面却容易使自控力较差的大学生陷入网络的虚拟空间不能自拔，甚至出现因为网瘾而被劝退或开除的例子。可见，对于当代大学生而言，网络既为他们的人格发展与培育带来了发展机遇，也向教育活动的开展提出了挑战。因此，开展大学生健康人格教育，应注意加强对校园网络环境的建设和管理，以便塑造有利于大学生健康人格培育与发展的网络环境，而这就要求高校在加强与建设自身的校园文化环境时，做好以下几方面的工作。

第一，积极配合大学生健康人格教育的要求，建立健全适用于大学生健康人格培育与发展的校园网络管理制度，如进行网上不良信息筛选、进行校园网络安全检查、阻止病毒传播等，以便为大学生建立一个健康、安全、有利的校园网络环境。

第二，利用网络积极宣传大学生健康人格教育，帮助大学生树立正确的、健康的网络观念，鼓励大学生加强自律管理，培养健康的网络人格。

第三，在进行网络规范管理与监管的同时，积极在校园网内开展大学生健康人格教育活动，通过网络这种大学生乐于接受的沟通方式对大学生的人格发展进行引导式教育，达到培育与发展大学生健康人格教育的目的。

六、充分发挥家庭教育培育与发展大学生健康人格的作用

作为大学生最先和最早接受教育的地方，家庭在大学生的人格培育与发展中会产生很大的作用。不良的家庭教育观念不仅有可能导致大学生出现人格缺陷，而且可能造成大学生的人格变态。且目前很多家庭在子女进入大学后，都会将教育的重担交给学校，从而忽视了对子女人格的培育与发展的正向引导，从而忽视了家庭教育对大学生健康人格的影响。有鉴于此，我们认为，开展大学生健康人格教育，也应充分发挥家庭在培育与发展大学

生健康人格方面的作用，这就要求家长做好以下两方面的工作。

(一)转变教育观念，强化责任意识

家长应牢固树立教育的核心目的是培养下一代的优良人格的观念，在家庭教育活动中，应明确家庭教育对培育子女优良人格的重要性，且认识到家庭教育在培育子女优良人格上较学校教育和社会教育具有不可替代的独特优势，从而在日常生活中抓好对子女优良人格培育与发展的工作，转变“升学＝成才”“分数至上”的狭隘教育观念，树立“人人有才，人无全才，扬长避短，人人成才”的观念[①]，促进大学生人格的健康发展。

(二)采用科学合理的家庭人格教育方法

一些家庭虽然意识到了对子女进行人格教育的重要意义，但在具体教育的过程中却缺乏一些合理的手段与方法，针对于此，我们认为家长在对大学生子女进行人格教育时，首先要能以身作则，以便在为人处世和日常生活中为子女提供示范；其次要重视实践过程，要让子女“从做中学”，以便使一些道德知识内化为大学生的道德素质；最后要注意创造融洽的亲子关系，即建立和谐、健康、融洽的家庭环境，并经常与子女进行沟通，深入了解他们的思想与内心，以便对大学生随时出现的一些人格缺陷进行调试。

---

① 谭虎、聂兴福:《当代家庭教育的主要职能:培养孩子的健全人格》,《江西教育科研》2005 年第 2 期。

第七章　大学生健康人格塑造的定位与机制研究

人格具有伟大的力量，在它的支配下，人征服了自然界，为人类社会创造了辉煌灿烂的历史。未来学家预测，21 世纪将属于能够承受社会变化和经济改革冲击的人格健康者。大学生作为一个特殊的社会群体，是未来社会发展的中坚力量，因此，重视大学生健康人格的塑造与培养有着极为重要的价值意义。为了有效地促进大学生人格健康发展，我们必须正确理解大学生健康人格塑造的内涵，树立以人为本、可持续发展、终身教育和职业生涯管理等现代理念，做好健康人格塑造的科学定位，研究大学生健康人格塑造的机制及运行，处理好健康人格塑造与其他相关的许多教育活动的联系。

第一节　大学生健康人格塑造的内涵

所谓人格塑造，是指采取一定的文化对现有的不同类型不同特质的人格进行取舍、建构、培养、优化和创新，从而对人格的弱质和消极因素予以削弱，对其优良品质和积极的成分予以扩充，培育出推进社会文明进步的时代人格模式。人格塑造是实施素质教育的重要组成部分，它侧重于调整和完善个体自身的人格素质培养及人格要素，并达到健康人格目标的实现。大学生健康人格塑造则是指依据人格形成的条件、规律和健康人格目标，以及大学生身心发展的特点和规律，积极创造各种有利条件，帮助大学生通过自身的努力逐步改善自己的人格结构，使自己的人格慢慢实现健康化的过程。按照唯物主义的观点，社会存在决定社会意识，大学教育也必须适应现代市场经济体制激烈竞争的时代特征调整教育的内涵，以适应当今的现代化社会发展。对于大学生的人格塑造工作想要取得好的效果，就必须对大学生健康人格的内涵有一个系统的把握。具体而言，大学生健康人格主要包括创造性人格、协作人格、权利人格以及个性人格，大学生健康人格塑造工作的开展应该围绕这几个方面进行。

一、创造性人格

创新推动当今的社会发展和现代化建设以及人的发展的前提，是保持和发展人的创造性的关键。英国哲学家弗朗西斯·培根曾说过“知识就是力量”，这已经得到大家的认可。但它并不是十分确切。因为知识变成真正的力量需要经历一个相当复杂的过程。有这么一个故事：国外某工厂新生产一种气压表，为了使得这种气压表能够尽快得到消费者的接受，扩大市场占有额，一位销售员想出了一个十分巧妙的方法，他站在一座教堂门前，对来来往往的人承诺如果有人能用他的气压表量取教堂高度的准确数据就给予其 1 000 美元作为奖励。消息传出后，有三人前来尝试。“第一位是科学家，他运用气压表分别测出地面和教堂顶尖的气压，然后根据气压差导入有关公式，从而算出了教堂的高度。第二位是技术员，他直接爬到教堂顶层，一松手，让气压表自由落到地面，导入自由落体公式，也计算出了教堂的高度。”[①]第三位是艺术家，他将气压表作为礼物送给了教堂的管理员，然后提出想要看建教堂时的图纸的请求，对方欣然答应，这位艺术家得以不通过测量，以最快的速度获得了最准确的数据，继而赢得 1 000 美元。可以说，这三个人解决问题的方式颇具代表性。虽然

① 王滨：《知识未必“就是力量”》，《科技潮》1994 年第 7 期。

他们都在解题时利用了知识,但使用的方式却各不相同。科学家对知识的使用是一种认真细致、严肃谨慎的运用,他认为气压表是用来测量气压的工具,这体现了知识的适应性,从而运用知识解决了问题。技术员对知识的使用是一种较为灵活的应用,他把气压表当重物使用。艺术家对知识的运用则可以称得上是一种十分巧妙的应用。因为他有机结合了自然科学知识和人文科学知识。当然,科学研究必须有孜孜不倦、精益求精、刻苦钻研的精神,我们并不主张都采用艺术家的方式来解决问题,但这个故事至少可以说明应怎么样运用知识的问题,即知识使用者不仅要知道知识的适用之处,而且更需要知道该怎样灵活巧妙地运用它们。这正是人的创造力的体现。①

众所周知,培根所处的年代知识相对贫乏,只要拥有了知识,就代表着走向了人生的至高点,将获得荣誉、财富、地位。时至今日,我们进入知识经济时代,知识大量出现,仅仅掌握知识是远远不够的,必须拥有让新知识运用到实践中的能力和使知识再生产的能力。可以说,在当今社会,知识已经成为人们必备的基本工具。运用知识去创造新的产品、新的思维方式、新的伟大工程的过程就是知识的再生产过程。

当代社会经济和科技并重,培养大学生成为具有创造性意识、创造精神和创造能力的人才,不仅是高等院校在知识经济时代的必然选择,而且是和谐社会发展的必然选择。当代大学生是社会主义和谐社会建设的主体,社会主义和谐社会的构建不是短时间内就能完成的,也是不能够一劳永逸的,它需要社会生产力的不断发展,更需要具有创造性人格的大学生。

“创造性人格是创新活动的内在动力机制,是创新意识和创新精神在个人心理层面的积淀,是创新活动成功的关键。”②创造

① 杨新新:《高校德育应注重健全人格教育》,《郑州大学学报(哲学社会科学版)》2011年第5期。

② 冯福朝:《浅谈思想政治课中学生创新人格的培养》,《新课程研究(基础教育)》2007年第12期。

性人格是指创新人才必须具备的不同于一般人的人格特征。对于大学生而言，创造性人格是他们成为创造型人才的前提条件，而在具体的创造活动中，思维能力的应用和环境资源的合理投入还在很大程度上引导和调控着思维品质的形成。[①] 当代大学生的创造性人格有其丰富而独特的内涵，应当表现为：独特的认知风格，肯定的自我意识，勇敢坚强的意志，强烈的内在动机，较高的学术能力等。知识经济时代，知识是社会生活的主体和社会发展的主导力量。知识的生产要求人有高度的智慧和不断创新的精神，要求人的工作方式要以创造性为主。因此，培养创造性人格的人是大学为社会服务、实现新的历史使命的根本途径。

知识经济时代为大学生创造性人格的塑造提供了较为宽松的环境，也提出了挑战。我们必须对现有的某些教育观念、教育内容、教育方法进行彻底改变，同时注重高聪慧性、高独立性、高敏感性、刚强、自律、有责任心等人格特征的培养和塑造，则有助于进一步开发大学生的潜能，促使他们的发展更为高效和完美。此外，大学阶段是创造性人格形成的关键时期。现代高等院校还应为学生创造潜力的发展积极营造良好的氛围，构建大学生创新实践的平台，才能培养出一代具有良好创新人格的创造型人才。

二、协作人格

协作人格从本质上而言是当今社会赋予集体主义的新内涵。首先，协作人格是科学技术创新的必然要求。在知识经济时代的背景下，科学研究日益呈现出信息化、交叉化、系统化的特点。一项重大的现代科学研究项目是难以凭借个人力量完成的，只有各个学科的英才汇集在一起，团结合作，才能够克服一个又一个难关，取得一定的科学研究成果，这充分显示出协作精神的重要性。其次，协作人格是充分发展个性特质的必备条件。就大学生而

① 王守忠、田官贵：《论大学生创造性人格的塑造》，《经济师》2006 年第 6 期。

言,各自的天赋、兴趣不同,他们也必然会选择不同的成才之路,也必然会不断锻炼自己的某一方面的才能和特长。这些才能和特长的发挥依赖与他人的协作。而且随着人们对事物的认识和研究越来越深刻,更加需要与他人合作。再次,协作人格是创新人才必须具备的素质,能够为我国参与国际竞争提供有力的保障,促进我国国际地位的提升。

在全球化时代背景下,国与国之间的协作显得更加重要,大学生具备协作人格是中国参加全球化竞争的必然要求。由于我国的文化传统产生于小农经济的土壤中,从而造就了自我封闭的文化心态,加之在历史的长河中被扭曲了的竞争意识,使部分大学生缺乏一种合作精神和合作能力。所以,"必须教育大学生树立正确的协作观和群体创造意识,正确处理人与人之间、个人与集体之间的关系,从而走出封闭的自我,自觉自愿地把个人的奋斗、发展与献身祖国、服务人民融为一体"①。

三、权利人格

"所谓权利人格,实际上是特定社会经济基础上发生的各种自主平等的社会关系在个体人格上的典型体现。"②具有权利人格的个体,能够在社会关系中要求享有平等自由的基本权利,自觉地维护人格尊严,并充分利用自主平等的机会。权利人格能更好地促进个体的个性社会化的健康发展,是大学生健康人格培养和塑造的一个重要方面。

在社会主义市场经济条件下,每一个公民都是平等的,无高低贵贱之分,可以展开公平的竞争。只有拥有独立平等的权利人格,才能使这种自由平等的社会关系得以维护,才能使每一个社

① 杨新新:《高校德育应注重健全人格教育》,《郑州大学学报(哲学社会科学版)》2011 年第 5 期。

② 菅从进:《权利人格主体的生成及本体地位的确立》,《江苏警官学院学报》2007 年第 6 期。

会成员真正享有平等自由的基本权利。作为21世纪中国社会发展的中坚力量的大学生，其人格发展更应具有这种人格特征。而且，在大学生活期间，学校为大学生提供了许多民主、平等的竞争机会，只要我们能充分意识到“公平竞争是每一个人的权利，绝不要轻易放弃这种权利；在竞争中保持不败之地的唯一因素就是自身拥有的知识和能力。”[①]只要我们摒弃一切影响公平竞争的因素，如学历、出身等，积极主动地参与社会实践活动，就会不断地增强自信心和竞争能力，从而造就这种健康人格（权利人格）特质。

四、个性人格

个性是人性的自然性、社会性和精神性在个体身上的综合体现，它具有不可重复性。个体在成长和社会化过程中所形成的个性，一般都既具有惰性等消极个性品质，又具有开拓性等积极个性品质。因此，大学生健康人格塑造的一个目标，就是要对消极的个性特点予以抑制或消除，激发积极的个性品质，以促进健康的个性人格发展。

个性人格实质上就是主体性人格，是指“人作为主体所表现出来的本质特性和独特个性品质，包括人的独立性、能动性、选择性、创造性和自主性品格”[②]。个性人格充分展示了人的主体性价值，使人获得人生存发展的真正意义。因此，培养个性人格成为当代大学生人格塑造人性化的必然追求。

当前素质教育已成为共识，但人们并没有对素质教育形成正确的理解，一些人认为素质教育就是在现行应试教育的基础上加上一些音乐、美术、体育的培训，实质上素质教育应该是个性发展

① 訾从进：《权利人格主体的生成及本体地位的确立》，《江苏警官学院学报》2007年第6期。

② 岳素萍：《心理健康主体性教学模式的构建与实践探索》，《内蒙古师范大学学报（教育科学版）》2008年第4期。

教育。个性发展教育就是通过多元化的课堂课外活动,诱发学生的兴趣,充分发掘学生的潜能,发展他们的个性特长,激发学生的内在发展动力。个性发展教育的目标就是对个体差异扬长避短,将每个个体独特的内在潜能和资质予以唤醒、显发、弘扬,培养出更多优秀的专门人才。现代化建设急需的人才是在某一方面具有明显优势的专门人才。由于我国目前高考杠杆的作用,在中学时代,学生的优秀个性品质和个性特长不会得到充分的发展。而大学时代,优秀的个性人格的培养有了现实的可能,这里的学习环境相对宽松,为大学生个性人格发展和表现创造了很大的空间和舞台。

第二节 大学生健康人格塑造的现代理念

人格的培养对于现代人才,将比以往任何时候都更重要、更有价值。拥有健康人格的人通常有着坚强的意志,不怕困难,不屈不挠,有独到见解,能够独辟蹊径,善于与人协作,有集体观念,能够为社会做出创造性贡献。因为支撑其成功的背后,是锲而不舍的韧劲、对自我的正确认识、良好的社会适应能力等综合心理素质。因此,塑造大学生健康人格必须始终坚持"以人为本"、可持续发展、终身教育三大教育理念。

一、"以人为本"的理念

长期以来,高校教育工作收效不能尽如人意,根本原因是忽视受教育者的主体性,忽视人存在的意义和价值,忽视满足人的发展需要。"以人为本"的理念是高校教学工作、德育工作、管理工作中必须坚持的基本理念,也是大学生健康人格塑造工作中所要坚持的思想和信念。

(一)理解“以人为本”

“以人为本”的核心理念就是强调对人性的理解和尊重。也就是要关心人、尊重人、开发人的潜能,想方设法对人的创造性进行激发。教育过程中“以人为本”,就是“重新确立学生在教育过程中的中心地位,坚持一切教育活动都要以人为出发点,以人为动力,以人为目的”①。

以人为本作为一种教育思想已经经历了一个很长的发展时期。古典教育就认识到教育应当以人为本,但不同时代和不同阶级对何谓理想的人一直没有形成统一的定论,确定的标准也不一。罗素曾经论述说,“在干涉儿童教育的各种力量中,没有一种力量站在儿童自身幸福的立场上。国家想把儿童培养成驯服的公民;教会想用儿童增加教士的势力,学校和教师要在竞争中凭借学生为自己增添光荣,做父母的只想让他们的孩子光耀门楣”②。自近代工业化以来,教育开始日益朝着平民化的趋势发展,其目的导向是为社会培养各行各业的实用人才,使得广大人民掌握一定的技术和能力求得生存。这本身并没有错,只是一个程度问题。受教育者在社会生活中扮演一定的角色,从事一定的工作,这也是教育的根本,但是各种社会影响都很少对学生个性的发展予以考虑。实际上,早在18世纪,欧洲启蒙思想家就极力提倡个性解放,主张教育应该以培养“能保持人的本性”的人为最基本的目标。马克思主义创始人进一步提出要使人“全面的自由的充分发展”,“成为社会发展的必要前提”。到了20世纪60年代,以马斯洛、罗杰斯为代表的人本主义心理学家极力弘扬“尊重人性”的精神,提出了“以人为本”的观点:关注人的存在,强调人的成长;对人性持乐观态度,强调个人责任,等等。这些观点在西方的学校变革、家庭教育等领域均产生了深远影响。目前,我国

① 范高峰:《教育以人为本与培养健全人格》,《三门峡职业技术学院学报》2003年第3期。

② 同上。

学校教育正在朝着素质教育、个性化教育的方向不断发展。人本主义的教育思想对我国塑造当代大学生的健康人格具有十分重要的启示,我们应该对之予以重视。

当前,科学技术迅速发展,社会充满激烈的竞争,人们要想生存、实现自己的理想,就必须接受教育。而目前的教育又呈现出过分实用化与工具化的倾向,这使人成了工具,极大地阻碍了人的个性的发展。受过高等教育的大学生也不例外受害于其中,个性发展的失落或受阻,分裂性人格、依附性人格等不良人格依然广泛存在。不能不说有些违背人的发展规律和教育规律的做法,实际上是违背"以人为本"的教育理念的。教育和人的整个生命具有十分密切的关联,教育的目的是培养和塑造出有个性的人,使得每个人都能成为真实的个人。联合国教科文组织总干事马约尔则指出,"人既是发展的第一主角,又是发展的最终目标",教育"应为发挥今天和明天生活在地球上的人的一切潜力创造条件"[①]。因此,我们今天应树立"以人为本"教育理念,把"以人为本"教育理念落实在大学教育与管理工作之中,把科学教育和人文教育、人才教育和人格教育有机地结合起来,把人格教育与大学生人生观、价值观、世界观、学习观、就业观、金钱观、政治观、社会观等的教育巧妙地结合起来,促进大学生全面发展和人格健康发展。

(二)实践"以人为本"

实践"以人为本"的教育理念,首先必须理解学生是作为一个生命而存在于这个世界上的。教育的最大失败和悲哀是对生命的漠视和遗忘。生命的重要性和神圣性远远超过任何知识、规则、荣誉、幸福,所有的生命都具有唯一性、不可替代性、神秘性,敬畏生命是教育所依据的伦理方面的起点,也是教育所追求的价值所在。生命既是我们永远不可能完全了解的,也是我们的肉身

① 曾天德:《大学生健康人格塑造导论》,北京:中国社会科学出版社 2008 年版,第 206 页。

能够获得快乐与满足的依据，关注生命、尊重生命是教育的第一实质性要点或要旨。甚至可以说，教育就是对生命的教育。

其次，要对学生作为生命的存在给予充分的尊重。每个人的生命都是短暂的、脆弱的，都会被恐惧和危险所影响和控制，每个人都会遭受各种各样的、或大或小的伤害和痛苦，会灰心丧气、长吁短叹、感叹命运的不公，会体弱，易感疲劳，会对未来完全失去信心，每个人都不能从根本上改变自己的属性，都没有办法打破自己的局限，活得像另一个人。人的脆弱呼唤着爱护、理解、尊重、怜悯、友善、大度，呼唤着教师对学生生命感同身受的一体感，教师的行动在此时才具有真正的教育意义。

最后，要重视学生的心理及现实需求，帮助学生解决其个体化需要，注重大学生个性发展；要构建以学生为本的教育模式，为学生形成适应社会需求，适合自我发展的知识能力结构提供尽可能多的自由选择的机会和空间；要建立科学的激励机制和评价体系，对学生开展全面、整体、积极、有特点的评价。

二、可持续发展的理念

可持续发展是指既满足现代人的需求又不损害后代人满足需求的能力，这个理念已经得到国际社会的共识。实现可持续发展，需要人类具有健康的人格。只有当人类具有审美精神的健康人格，才能为社会可持续发展提供不竭动力。特别是当今社会，人们正面临着的生态危机，不仅是自然危机，更是现代人自身的精神生态危机。而全球化生态危机的根源正是以工具理性为特点的现代性思维方式。因此，协调人与自然的关系，真正实现可持续发展必须从根本上改变人们的世界观和思维方式。如果没有人文精神的参与，一切高明的科技手段和完善的制度都只能在短时间内缓解生态危机、减轻生态危机所引发的各种问题，却没有好的办法为文明提供持续发展的深层动力，因为这种动力只能来自于人的美丽心灵和健康人格特质。由此可见，在人的精神心理层面培育起具有敬畏自然、具有审美精神的健康人格，对于可持续发展的实现有着不可或缺的重要地位。只有当人格的完善最终完成之时，地球才会真正成为人类赖以生存的家园，我们才能走上生产力和生活水平快速稳步提高、生态环境一片良好的可持续文明发展道路。

同样，坚持可持续发展的理念，也为人的健康人格发展提供了良好环境和资源。众所周知，人类的生存和发展需要依赖环境的发展，人们的一切活动都与自然环境和社会环境的影响具有十分密切的关联，人格的形成和发展与人文生态环境的关系更加密切。无论是自然环境还是人文环境，都是开展人格塑造和教育的重要资源。其中，学校的校园生态环境具有丰富的有利于学生人格健康发展的资源，同时，校园的自然环境和人文环境也为学校实施人格教育创造了有利条件，提供了可能性。只要在人格教育过程中，提倡绿色教育、生态教育，使人和自然实现真正和谐，就能在不知不觉中陶冶大学生的情操，净化大学生的心灵，塑造大学生的健康人格。为此，我们必须努力做到以下方面。

第一，要帮助大学生认识校园环境，对校园环境的要求做出适当的反应，也就是要对校园环境所给予的各种外部信息进行分析比较，并与个体的需要、动机以及能力等各种内部信息联系起来作出综合考虑，在此基础上进行心理与行为调控，从而有效地适应环境和改造环境，实现自我。

第二，在与人际互动或与环境的相互作用中，树立可持续发展理念，做到与学习生活环境保持均衡、协调和整合，体现个体的协调发展与校园环境的可持续性。

第三，应该营造积极向上、充满生命力的校园人文环境，创造和谐的人际关系，丰富课外活动，有意识、有针对性、有计划性地添加精神食粮，使大学生在良好的人文环境中接受学校教育，从而更加热爱大自然，更加珍惜生命，更加勇敢地追求梦想，完善自我，拥有健康的人格。

第四，整个社会的大环境、家庭的引导、各大媒体平台的宣传等都会在一定程度上影响着大学生健康人格的塑造，为了使人格教育能够稳步发展，应当积极对社会环境进行净化，注重家庭教育的作用和意义、规范媒体对信息的传播，为大学生健康人格塑造创造一个有利的环境。[①]

三、终身教育的理念

人格产生于一定的社会关系中，具有相对稳定性。在某一特定的时代会形成特定的人格追求，但不同的民族有不同的人格追求，不同的文化背景也会形成不同的人格追求，甚至在不同的年龄段下也会形成不同的人格追求，因此，可以说，人格不是一成不变的，会随着人类文明的发展而得到不断的创新、丰富和提升。同时，人格是可以被塑造的，可以通过学习、实践来完善。为了适应不断变化的社会，扮演好自己的社会角色，克服生活中的各种困难，实现自己的理想抱负，每个人都必须使自己的心理一步步地走向成熟、完善，认识到自己的缺点和不足，充分发挥自己的长处和优势，对自己和生活充满信心。正如埃里克森所言，每一个人的人格发展都需要经过八个阶段，各个阶段都对健康人格的发展起着十分重要的作用。可见，人格完善是伴随一个人终身的过程，健康人格塑造自然也就不能排斥终身教育这一重要理念，只有不断地学习才能使人格不断完善。

早在孔子时代，终身教育的思想意识就已经在我国得以形成。近代著名教育家陶行知也积极倡导终身教育。一般认为，20世纪60年代继续教育、终身教育理论开始在国外形成，并在短时间内发展成为全球性的教育运动。进入21世纪，科学技术呈现出更加快速发展的态势，国际上关于人才的竞争越来越激烈，这使得教育更加被人类所重视，终身教育思潮得以不断传播，深入人心。

---

① 雷国铨:《以人为本，用科学发展观指导大学生健全人格教育》，《福建林业大学学报(哲学社会科学版)》2004年第3期。

"终身教育的最终目的和价值意义在于促进个人和社会的进步和发展,并把人个体的发展和社会的发展统一起来。"[①]这意味着人不仅要有丰富的知识、娴熟的技能,而且要有健康的人格。人格标示着人的精神世界的品性和高度,人格的伟岸意味着人力的精神达到了高贵的境界,人格的沦陷则代表着人类丧失了自己的尊严。

人格培育与完善是终身教育的一个终极目标。健康人格塑造和终身教育有着共同的特点,就是把人及其人格的发展视为一生都在发展的过程。从这个意义上而言,健康人格塑造应该是一种终身教育。因此,探讨终身教育理念下的大学生人格发展与完善问题,对个人和整个社会都有不可忽视的现实意义。

大学生正处于价值观念逐步形成的时期,对大学生的人格塑造是一项相当复杂的、长期的工程,人格缺陷会对一个人的整个人生产生不利影响。为此,大学教育应将终身教育作为大学生健康人格塑造的重要理念,想方设法为大学生创造足够的学习与发展空间,培养大学生自我学习的能力;要以每个学习者的个性得到充分发展为中心,倡导多样选择,为每个人提供足够多的选择次数和选择机会,使每个人都能够完善自我,充分发挥自己的才华和能力;要最大限度地为大学生个性发展提供有利的条件,创造有利的机会,以实现人的全面健康和谐发展。

第三节　大学生健康人格塑造的科学定位研究

大学生健康人格塑造不能离开与其他相关的教育活动而独立存在,其他相关教育活动,特别是素质教育、思想政治教育、心理健康教育的目标的实现更不能脱离健康人格塑造这一环节。那么,健康人格塑造在教育体系中到底处于何种地位,怎样对大

① 刘小珍:《论终身教育理念下的师生人格完善》,《成人教育》2006 年第 6 期。

学生健康人格塑造进行科学定位，就成为我们需要研究的问题。本书认为，对大学生健康人格塑造进行科学定位的基本方法，是在理论上理清大学生健康人格塑造与素质教育、思想政治教育、心理健康教育三者的关系，明确大学生健康人格塑造在其他教育活动中的地位和作用。

一、健康人格塑造是大学生素质教育的基础工程

从素质教育的角度而言，健康人格是个体在其生活经历中逐渐建立起来的一种反映其生活方式和生活风格的综合素质，是个体的价值观，以及心理素质、道德修养等方面的综合体现和重要标志。有健康人格的人是对自己准确把握、寻找适合的社会位置、获得他人尊重和好感的基础。从这个意义来看，健康人格是通过素质教育以提升人的各方面素质来实现的。良好的素质教育可以有力地支持人格的健康成长。但实际上，大学生的素质教育是一个十分复杂的系统工程，人格塑造是该工程中最为基础的一个环节。只有在人格健康的情况下，大学生的科学文化素质、道德素质、审美素质、劳动技能素质等才能得到协调发展，其素质才能得到全面提高。

（一）健康人格是大学生高素质的基础

人格是人的素质的基础，它决定个体综合素质的形成和发展。人格反映了一个人总的心理面貌，它在很大程度上决定了一个人对外界刺激的反应方式。[①] 美国著名教授丹尼尔·戈尔曼认为，情商决定着个体能否获得成功，个体的人格因素又决定着情商的高低。有人甚至说“人格即命运”，也就是说，除了卓越的才华、渊博的学识、高超的专业技术、不可多得的机遇外，不凡的人格心理素质是决定人的一生能够取得成功、获得幸福的关键因

① 吴守良:《论素质教育与人格塑造》,《杭州商学院学报》2004 年第 2 期。

素。健康的人格，使人在遇到挫折和困难的时候，依然能够感受到生活的快乐，勇敢地走下去，实现自己的人生理想。人格的整合与塑造，不仅是个体身心健康成长的需要，也是素质教育能否顺利实施并取得成效的关键。我国近现代教育心理学家廖世承说："与其有知识而没有人格，还不如有了人格而没有知识。人格的训练，在于培养各种良好的习惯，道德的和社会的。"因此，健康人格也是大学生高素质的基础。只有围绕健康人格进行素质教育，才能达到素质教育的预期教育目的。

(二)人格缺陷归因于健康人格塑造的缺失

在当前我国大学生中独生子女占有相当大的比例，由于他们从小在父母的呵护下成长，缺乏独立生活和处事能力的锻炼，在很大程度上存在着意志力较差、抗挫能力不强，缺乏吃苦耐劳的精神，不善于与人合作与交流等问题。"据广州某医科大学附属医院心理咨询门诊统计资料反映，在 3 828 个咨询病例中，10 岁至 29 岁的青少年占 66.35%，其中病态人格的咨询病例则占了 87.5%。"[①]近几年来，在大学生中发生的自杀、杀害室友等案件也经常见诸各个网络。产生这些病态人格的原因，并不是素质教育没有到位，而是长期忽视或缺乏相应的健康人格教育与塑造。因此，在加强大学生素质教育的今天，我们必须重新审视健康人格塑造与素质教育的关系，把健康人格塑造作为素质教育的基础工程，凸显健康人格塑造的地位。高校教师的责任，不仅仅是帮助学生提高德智体美劳各方面的素质，更应把健康人格的培养和塑造放在重中之重的位置，提出改变大学生中人格缺陷或障碍的健康人格塑造的对策和方案，使得大学生拥有健康的人格，实现美好的人生。

① 吴守良：《论素质教育与人格塑造》，《杭州商学院学报》2004 年第 2 期。

二、健康人格塑造是大学生思想政治教育的价值体现

思想政治教育对于塑造健康完美的人格具有独特的价值和意义，它在大学生全面素质和健康人格发展中起着定向和指导作用。思想政治教育以其特有的方式，提升大学生的思想道德境界，塑造大学生健康的人格和促进其全面健康和谐发展。同时，培养具有正确的价值观念、高度的思想觉悟、较强的创新能力和精力充沛、道德高尚的大学生，促进其全面发展，也是高校思想政治教育始终致力的目标，尤其是在现代社会需要大批具有现代人格素质的人才的新形势下，高校思想政治教育更加注重促进大学生自身的发展和完善，使得他们拥有健康的人格，实现自身的全面健康发展。这正是新时期高校思想政治教育的作用和价值体现。

(一)健康人格是思想政治教育的目标追求

"人格特征在本质上是民族魂的体现和表征，民族魂是人格特征的提炼与凝升。"[①]努力健全大学生人格是高等学校思想政治工作的重要使命。黑格尔指出："一个人做了这样或那样一件合乎伦理的事，还不能说他是有道德的，只有这种行为方式成为他性格中的固定要求时，他才可以说是有道德的。"[②]这说明大学生健康人格形成和发展在思想政治教育中起关键作用。换句话说，良好的思想道德的形成过程实质上是健康人格的形成过程。因此，高校思想政治教育必须用"人"的方式去理解和对待人，尤其是对人的精神生活、精神生命的发展给予关怀，针对大学生思想中的种种矛盾，通过宣传科学的道理，积极帮助他们树立正确的价值观念；通过有效地规范其思想和调节其行为方式，培育他们健康的人格，使他们自尊、自爱、自信、自律、自强，具有强烈民族

① 钟健民：《思想品德教育与学生人格的完善》，《卫生职业教育》2002年第7期。

② [德]黑格尔：《法哲学原理》，范杨译，北京：商务印书馆1961年版，第107页。

自豪感和荣誉感，呈现出强大的生命活力，成为全面健康发展的人。

(二)健康人格塑造是思想政治教育的重要依据

“人格是人生价值观念形成的稳定的心理基础，是形成特定世界观和人生观的内在心理依据，是形成特定道德素质的主要动力。”①如果没有良性的人格形态作为内在心理依据，思想政治教育就失去了存在的根本，很难真正产生效果。思想政治教育工作者只有在对不同类型学生的个性特点和思想观念予以准确地了解与把握的基础上，才能真正做到充分尊重学生的主体性，才能促进他们健康人格的形成和发展。

思想政治教育的对象是人，而人具有主观能动性，具有选择和自我调整的能力，任何外界的教育影响都必须通过受教育者内在能动性的发挥才能起作用。与一个有人格障碍的人相比较而言，一个有健康人格的人，更加能够正确认识自己、评价自己、悦纳自己、完善自己，更能自觉地对外界刺激和影响做出正确的价值判断和选择，使自身心理结构及其与外部环境始终保持协调、平衡和统一的状态。一个有人格障碍甚至分裂的人是不会有正确的意识和情感的，也就不会有高尚的道德情操，更不会发展成为一个健全的人。

从这个意义上说，要使高校德育工作取得良好的成效，就必须以健康人格为基础。否则，思想政治教育观念的灌输就很难收到满意的效果。原因在于：第一，人格是人生价值观念形成的心理基础。只有一个人的心理过程及其人格形态是统一而稳定的，才能从根本上保证一个人具有统一和稳定的价值观念。第二，人格是形成特定价值观念的内在心理依据。虽然正确的价值观念来源于正确的理论指导和学习，但如果没有良性的人格形态，就难以保证外在的观念灌输可以起到原有的作用。第三，人格是形

① 陈大鹏：《浅论大学生健康人格的培养》，《考试周刊》2010年第6期。

成特定道德素质的主要动力。由于人格是内化的,具有品质化的特性,不同的人格品质会影响个体对个体价值和社会价值的判断和选择倾向。一个具有健康的人格的人比较容易建立良性的道德素质。[①]

当然,人格的这些基础作用往往是相对的,同时它还与人的价值观念和道德意识发生相互作用,随着思想政治工作的深入也会促使学生的人格更加健康和完善。因而,“政治教育、道德教育、思想品德教育和人格教育是一种互相制衡、互相耦合的依存关系,道德教育不能脱离政治教育的影响而独立存在,政治也应当受到道德规范的约束。”[②]道德教育是以受教育者内化的社会规范为基本目标,使其知、情、行、意达到和谐统一,这也是培养受教育者良好思想品德的过程。由此可见,高校思想政治教育工作中的每个要素及每个因子都与人格教育具有十分密切的关联,它们都以健康人格教育为基础,都统一于德育整体中。

三、健康人格塑造是大学生心理健康教育的内在核心

“人格是影响个性心理健康水平的一个极其重要的内在因素。”[③]不同的人格特点对心理健康的不同方面影响也是不同的。有研究显示,人格中紧张性与忧虑性在对人的躯体化有重要影响,而情绪稳定性在减少躯体化方面发挥着十分显著的作用。[④]另外,杨明、姬上兵、李权超等人研究显示,情绪稳定性和掩饰性因子是影响人心理健康的重要因素。可见,健康人格塑造与良好

---

① 苏英姿:《人格教育:大学生思想政治教育的基础》,《玉林师范学院学报(哲学社会科学版)》2005 年第 6 期。

② 张兆芹:《论德育工作中的人格教育问题》《深圳大学学报(人文社会科学版)》1998 年第 3 期。

③ 朱伟军:《大学新生心理健康状况与人格因素关系的研究》《广西青年干部学院学报》2006 年第 1 期。

④ 楼锡锦、胡建兵:《独立学院学生人格与心理健康特点分析》《中国特殊教育》2006 年第 3 期。

心理素质的形成具有十分密切的关联，健康的人格既是心理健康的重要指标之一，也是其重要资源。对大学生进行健康人格塑造，有助于从根本上提高他们的心理素质。很多时候，大学生的苦恼和困惑几乎都来源于他们自身的狭隘、心眼小等有关人格方面的缺陷。

从人格塑造与心理健康教育关系上看，人格塑造是心理健康教育的核心部分和有效途径。正如斯普郎格所说："教育的核心是人格心灵的唤醒。"人格塑造的目标，就是要完善自身人格结构，转化人格特质，达到心理最优化、人格健全的目的，使学生自觉地进行人格整合，摆脱孤独、空虚、寂寞所带来的痛苦与烦恼；形成正确的人生理想，培养顽强的毅力和不屈不挠的拼搏精神，避免在失败和困难面前不知所措，行为失常以致人格出现反常；在现实生活中，能够对自己形成正确的认知，有自己所坚守的原则，不骄傲、不气馁、不自卑、不自负；在满足需要时，能够采用恰当、合理、科学的方式和方法。因此，在大学生心理健康教育中，人们经常把"促进大学生人格完善、培养健全人格"作为心理健康教育的终极目标。

另外，大学生健康人格塑造实验研究也证明，相比单纯的心理健康教育而言，健康人格教育在提高学生的心理健康水平方面具有更加明显的效果。换句话说，对大学生进行健康人格塑造教育是促进大学生心理健康的卓有成效的新途径。人格塑造教育之所以能有效地促进学生心理的健康，其重要的原因和内在机制就在于：第一，人格教育使得许多大学生开始十分欣赏与向往具有健康的人格，于是开始具有追求心理健康的需要和动机。第二，人格教育满足了学生自我认识与接纳、建立同一性的成长需要，这些需要的满足有助于学生对生命充分热爱，对生活充满满足感和幸福感，从而促进其心理健康。第三，人格教育向学生提供了具有可操作性、切合实际、科学合理的培养健康人格特质的知识和方法，从而为促进大学生的知行统一创造了有利条件。第四，人格教育中讲课、讨论、训练与作业分享合一的教学方式激发了学生的参与意识，锻炼了他们的动手能力、合作精神，使他们以开放的心态与他人交流，这对大学生健康人格的素质具有十分重要的作用。①

当然，心理健康教育对人格完善起着不可或缺的作用。大学生心理健康教育的根本出发点就在于提高学生心理健康水平，预防心理疾病的发生，促进人格全面发展与完善。相关研究发现，加强心理健康教育不仅有助于减少人们的身心疾病、维护人们的健康，而且有助于充分发挥人们的各种潜质、塑造健康的人格。有研究结果表明，心理健康教育课和团体辅导都会对大学生的某些人格特征产生不同程度的、可持续较长时间的影响。

人格教育与心理健康教育两者是相辅相成、互为促进的关系。但是，在大学生心理健康教育实践中却存在这种现象：只注重以心理健康教育来促进大学生人格完善，而忽略了通过人格塑造教育来提高大学生心理健康水平。从全国高校开展的心理健康教育工作来看，多局限于心理卫生知识、常识性心理健康知识的普及与宣传，很少涉及针对大学生人格教育方面的内容。即使有，也是零散地对某些人格特质的训练。全国高校对大学生的健康人格塑造教育尚未达成共识，普遍存在着不重视大学生人格塑造教育的现象。尽管大学生思想意识、人格素养已基本形成，但还未走向成熟，仍然存在很多来自学习、人际关系等方面的困惑、压力和矛盾。实践证明，在大学阶段对大学生进行健康人格养成教育，可以有效地改变其不良的人格特征或人格缺陷，至少可以防止因人格缺陷而引发的心理问题。同时，相比心理健康教育而言，在大学生中开展健康人格教育会更容易得到理解、接受，受到较为积极的评价。因此，在大学期间开展健康人格养成教育比心理健康教育更能提高大学生良好心理素质和预防心理问题的发生，其意义更加重大，作用更加直接和有效。

① 杨眉、侯志瑾、李林英、郑宁：《再析人格教育与大学生心理健康》《高等工程教育研究》2000年第4期。

第四节 大学生健康人格塑造的机制及运行研究

健康人格的塑造机制与重要价值具有多维度、多层面和动态发展的特征。大学生健康人格的塑造机制运行是以人格塑造机制与重要价值为基础，是良好人格塑造机制在大学生培育教育过程中的具体体现。因此，健康人格的塑造机制和重要价值与大学生人格塑造机制运行，是相互联系、不可分割的。本节主要围绕大学生健康人格塑造的机制及运行进行相应的分析论述。

一、大学生健康人格塑造机制概述

（一）大学生健康人格塑造机制的内涵

大学生健康人格塑造机制的内涵，体现了大学生健康人格塑造机制属性的特殊性。由于大学生健康人格塑造机制属性与一般的机制属性既有联系、又有区别，因此，在科学把握大学生健康人格塑造机制一般属性的基础上，对大学生健康人格塑造机制的特殊性进行深刻把握，进而深刻认知大学生健康人格塑造机制的内涵，对于分析和把握在实现塑造大学生健康人格这一社会功能中相关个体、群体、组织之间的矛盾冲突与相互合作的关系，以及在实现塑造大学生健康人格的功能过程中各种结构因素所起的作用，具有重要的理论价值和现实意义。

由于大学生健康人格塑造是一项十分庞大且复杂的系统工程，其根本目标就是通过积极引导大学生树立正确的行为取向，培养教育大学生形成良好人格，促进大学生得以全面健康和谐发展，最终极大地推动社会文明的发展和进步。因此，大学生健康人格塑造机制也应当是具有系统性的结构因素和互动整合的功能实现过程及关系状态。

与大学生健康人格塑造机制属性密切相关的诸多因素关系，既有物质系统因素与精神系统因素的相互关系，也有自然环境系统因素与社会环境系统因素的相互关系，还可以区分为人的内在系统因素与外在系统因素的相互关系；同时还可区分为历史演进系统因素、现实行进系统因素以及未来构想系统因素等系统结构要素、系统运行过程和系统调节组织、系统功能等重要因素关系。从人格与文化、道德、情感、家庭等因素关系出发，针对大学生所体现的社会地位、人际关系、价值取向等特点，结合社会各个群体对大学生的认可期望，我们认为大学生健康人格塑造机制的内涵是：在影响大学生健康人格塑造相关因素内在联系中所形成的互动整合、并具有其特殊功能的有机结构状态与实现功能的有序过程，主要体现为课堂教学、社会实践、制度建设等相互促进，学校教育、家庭教育、个人教育等形成合力的大学生健康人格塑造系统方式和功能实现途径。

从大学生健康人格塑造机制的内涵可以看出，大学生健康人格塑造机制包含两个特质：第一是其组织因素和结合方式，第二是其内在的必然规律性。所以，对大学生健康人格塑造机制的理解主要包括构造、运行、功能三方面内容。构造涉及对象的组成，该组成决定了大学生健康人格塑造机制运行的情况和功能的本质，如社会教育、家庭教育、自我教育在大学生健康人格塑造中所起的作用有所不同，其中一个很重要的原因是其构造不同；运行指因为构造体之间的相互作用而体现的一种特有的互动整合秩序，如在大学生健康人格塑造过程中，学校教育、自我教育、社会教育、家庭教育等必须形成一种特有的互动整合秩序，才能形成大学生健康人格塑造的整体合力；功能是指通过大学生健康人格塑造机制所体现的作用，因为任何机制都一定会导致某种功能的产生。在大学生健康人格塑造的过程中，就是要通过课堂教学、社会实践、制度建设等相互促进的机制，实现大学生健康人格的重要功能。因此，大学生健康人格塑造机制可以借用一个机制状态模型图加以表示(图 7-1)。

$$\begin{pmatrix} X_1(t) \\ X_2(t) \\ \vdots \\ X_n(t) \end{pmatrix} = Y\left(\begin{pmatrix} S_1(t) \\ S_2(t) \\ \vdots \\ S_n(t) \end{pmatrix} \Longleftrightarrow \begin{pmatrix} Z_1(t) \\ Z_2(t) \\ \vdots \\ Z_n(t) \end{pmatrix}\right)$$

图 7-1

图示中的“$X_1(t)$、$X_2(t)\cdots\cdots X_n(t)$”代表大学生健康人格的形成系统（知荣辱、勤操守、乐进取、勇担当）；“$S_1(t)$、$S_2(t)$：……$S_n(t)$”代表大学生健康人格系统的构成诸要素（诚实守信、报效祖国、勤劳好学等）的变量式；“$Z_1(t)$、$Z_2(t)\cdots\cdots Z_n(t)$”代表大学生健康人格形成的影响因素和关系（课堂教学、社会实践、制度建设等）的变量式；这两个变量式系统随着时间（t）的变化而改变。[①]这一图示充分表明，大学生健康人格塑造系统构成诸要素的变量系统与大学生健康人格形成的影响因素和关系的变量系统的互动，建立起相互关联、相互作用的运行机制。这一机制的有效运行与不断发展，对大学生健康人格的塑造具有非常重大的作用。

（二）大学生健康人格塑造机制的表征

大学生健康人格塑造机制的内涵，是大学生健康人格塑造机制系统的核心内容；大学生健康人格塑造机制的表征，是大学生健康人格塑造机制系统的主要表现形式。由于内容对形式具有决定作用，因此，可以说，大学生健康人格塑造机制的内涵决定了大学生健康人格塑造机制的表征。具体而言，大学生健康人格塑造机制主要有以下几个表现特征。

1. 大学生健康人格塑造机制具有特定功能性

这就是说，积极建立大学生健康人格塑造机制，充分发挥大学生健康人格塑造系统的重要作用，其重要功能是十分明确的。这一特定的重要功能，就是通过积极帮助大学生树立正确的行为

① 庞跃辉等：《大学生人格优化系统研究》，北京：北京大学出版社 2011 年版，第 206 页。

取向，培养教育大学生形成良好的人格，促进大学生得以全面健康和谐发展，最终极大地推动社会文明的发展和进步。如果大学生机制不能充分发挥这一特定的重要功能，建立大学生健康人格塑造机制就失去了应有的意义。

2. 大学生健康人格塑造机制具有结构多元性

这就是说，大学生健康人格塑造机制是在多维度、多组元的结构状态中生成的。因此，积极建立大学生健康人格塑造机制，不仅要充分重视把握其整体性，对大学生健康人格塑造的一般性问题进行深入分析研究，而且要充分重视把握其不同方面的具体问题，不能忽视对大学生健康人格塑造的不同方面问题的分析研究。[①] 无论是在课堂教学、社会实践、制度建设等不同层面，还是在学校教育、家庭教育等不同方面，都有一些具体问题需要进行深入分析研究。只有对大学生健康人格塑造机制的结构多元性予以科学把握，才能充分发挥大学生健康人格塑造机制的特殊功能。

3. 大学生健康人格塑造机制具有运行过程性

这就是说，充分发挥大学生健康人格塑造机制的特殊功能，应当根据特定的历史背景和环境所体现的变化发展规律和特点，把大学生健康人格塑造系统作为一个动态性、持续性的发展过程，并在这一发展过程中有目的、有计划、有步骤地完善大学生健康人格塑造机制，使大学生健康人格塑造系统形成一种不断变化的良性运行状态。如果只是把大学生健康人格塑造机制牢牢定格在某一状态，必然极大地束缚大学生健康人格塑造工作的开展，造成被动、封闭和停滞不前的不良状态。

---

① 庞跃辉、王懋：《关于大学生人格优化系统的认知分析》，《重庆邮电大学学报(社会科学版)》2009 年第 6 期。

4. 大学生健康人格塑造机制具有内在互动性

这就是说，积极建立大学生健康人格塑造机制，充分发挥大学生健康人格塑造机制的重要作用，必须高度重视充分发挥大学生健康人格塑造机制的整体功能，同时也必须高度重视充分发挥构成大学生健康人格塑造机制的相关重要因素的独特功能，深刻认识课堂教学、社会实践、制度建设等相关重要因素对大学生健康人格的重要作用。因此，必须在深刻把握构成大学生健康人格塑造机制相关重要因素内在联系的基础上，使这些因素形成良性结构状态，以充分发挥各相关因素的独特功效，从而使学校教育、家庭教育等形成合力的大学生健康人格塑造系统，采取各种措施和途径将大学生健康人格塑造机制对于健全大学生人格的整体功能发挥出来。

（三）大学生健康人格塑造机制的形成

由于大学生健康人格塑造系统不是自发产生的，因而大学生健康人格塑造机制也不可能自发产生。大学生健康人格塑造的形成，“是在一定的有序组织过程中，受到多方关注和协同支持的动力驱动，通过改革传统教育模式与创新教育体制而产生和发展的”①。因此，有序组织、协同互动、过程调控对大学生健康人格塑造机制的形成发挥着不可或缺的作用。

1. 有序组织与大学生健康人格塑造机制形成

由于大学生健康人格塑造机制就是在影响大学生健康人格塑造相关因素内在联系中所形成的互动整合、并具有其特殊功能的有机结构状态与实现功能的有序过程，因此，大学生健康人格塑造机制是在一定的“有序组织”中形成的，也是在一定的“有序组织”中发挥作用的。深刻把握“有序组织”的内涵与表征，积极

① 庞跃辉：《论大学生人格优化系统的培育机制》《上海交通大学学报（哲学社会科学版）》2009 年第 6 期。

营造“有序组织”的环境，有效保障“有序组织”的运行，对于形成大学生健康人格塑造机制和发挥其重要功能具有重大意义。

深刻把握有序组织的内涵，必须首先认清“组织”的含义。在实际工作中，“组织”这个词我们屡见不鲜，但组织管理学家提出过众多关于组织的理论，由于角度不同，因而对组织概念的解释呈现出较大的差异。综合各个组织管理学家对组织的定义，我们可以得知组织有广义和狭义之分。从广义上说，组织是指由诸多要素按照一定方式相互联系起来的系统。从狭义上说，组织就是指人们为了实现一定的目标，互相协作结合而成的集体或团体，如企业、军事组织等。现代社会，人们普遍将组织视为社会的基本组成单元，或者说组织是社会的基础。①

认清了组织的含义，为把握“有序组织”的内涵提供了前提。其实，人们对有序组织的认识已久。不同的组织管理理论研究专家关于有序组织提出了不同的观点。巴纳德认为，有序组织是有意识地协调两个以上的人的活动与力量的体系。卡斯特在对有序组织这个概念进行定义时，采用了多维度的方式和方法：其一认为有序组织是指怀有特定目的并不断为之进行奋斗的人们的行为有序组织，其二认为有序组织是指人们使用的知识、技术、装备、设施的有序组织，其三认为有序组织是指人们在一起进行整体性活动的有序组织，其四认为有序组织是指处于社会关系中的人们的有序组织，其五认为有序组织是指负责协调各分系统，并计划与控制全面的活动的有序组织。② 有序组织的定义有很多，人们对有序组织的认识仍处于不断深入的过程中。随着人们实践的不断向前发展，人们对于有序组织的认识将进一步深化，从而更加深广地把握有序组织的内涵与表征。

在形成大学生健康人格塑造机制的有序组织中，同样是多维度、多组元、多层面的相关因素和关系的动态整合过程。大学生

① 张秀山：《关于教研组建设的几点思考》，《天津市教科院学报》2003 年第 3 期。

② 庞跃辉：《论大学生人格优化系统的培育机制》，《上海交通大学学报（哲学社会科学版）》2009 年第 6 期。

健康人格塑造首先包括怀有塑造大学生健康人格这个特定的目的，并为之奋斗的人们的行为有序组织，即大学生健康人格塑造的组织具有明确的目的性；在大学生健康人格塑造活动中需要人们使用的知识、技术、装备和设施的有序组织，即大学生健康人格塑造的组织需要一定的知识技能和投入及设施；大学生健康人格塑造又是对参与大学生健康人格塑造活动的人们在一起进行整体性活动的有序组织，即大学生健康人格塑造的组织是一种具有系统性的整体结构；大学生健康人格塑造还需要对处于社会关系中的不同心理状态的人们的有序组织，即大学生健康人格塑造的组织需要化解不同心理状态中所产生的矛盾；大学生健康人格塑造也需要对学校教育、家庭教育等形成合力的有效协调，即大学生健康人格塑造的组织必须形成科学计划与全面掌控大学生健康人格塑造活动的有序组织。因此，有序组织对形成大学生健康人格塑造起着十分重要的作用。随着大学生健康人格塑造活动实践的持续发展，人们将会更加深入地认识大学生健康人格塑造活动的有序组织，以将大学生健康人格塑造机制的功能更好地发挥出来，促使大学生真正形成健康的人格，拥有辉煌的人生。

2. 协同互动与大学生健康人格塑造机制形成

由于大学生健康人格塑造机制是对各种相关因素的整合，因而必然要求相关因素的协同互动。否则，参与大学生健康人格塑造机制活动的不同力量就会处于无序状态，难以形成大学生健康人格塑造机制的整体合力，大学生健康人格塑造机制也将失去应有的效力。

现代协同学为大学生健康人格塑造机制的协同互动性提供了必要的理论支撑。协同学是一门新兴的综合性学科，主要内容是研究协同系统从无序到有序的演化规律。“协同学”一词来源于希腊文，原意为共同工作。而协同学的理论体系最初是由 20 世纪 70 年代联邦德国理论物理学家哈肯所创立的。协同学指出:“无论什么系统从无序向有序的变化,也不管平衡相变还是非平衡相变,都是大量子系统相互作用又协调一致的结果,都可以用同样的理论方案和数学模型处理。”[①]因此,正如《法兰克福汇报》所言:“哈肯创立的协同学不仅是可以应用于许多方面的一种物理理论,它也是对整个世界进行观察的一种新方法。”

协同学理论具有广阔的应用范围,在大学生健康人格塑造系统中,为了形成大学生健康人格塑造机制的协同互动,以充分发挥大学生健康人格塑造系统的功能,同样可以运用协同学理论原理。由于大学生健康人格塑造机制是一种多种相关因素的动态整合状态,因而也应当是一种协同系统从无序到有序的一步步深化过程。大学生健康人格塑造活动的协同系统,是指由许多相关子系统(诸如“课堂教学系统”“社会实践系统”等)组成的、能以有效组织方式形成的空间、时间或功能有序结构的开放系统。为了保证这种开放系统的协同性,其内部相关因素和关系应当是动态整合。比如,“课堂教学系统”中的人格优化理论讲授、人格优化专题讨论、人格优化典型评析等内容和方式,应当结合起来形成一种协同互动的课堂教学机制,才能实现通过课堂教学提高大学生对人格认知水平的功效。大学生健康人格塑造活动协同系统的状态也可以由一组水平状态参量来描述,如“学校教育水平状态”等。这些水平状态参量随时间变化而呈现出不同。当大学生健康人格塑造系统越来越接近于发挥显著功能的时候,说明“学校教育”“家庭教育”“社会教育”“个人教育”等在大学生健康人格塑造机制中所形成的合力状态,已经越来越接近于协同互动的良性状态。大学生健康人格塑造机制的协同互动良性状态,可用如下图示(图 7-2)体现。

① [德]赫尔曼·哈肯:《协同学》,凌复华译,上海:上海译文出版社 2005 年版,第 12 页。

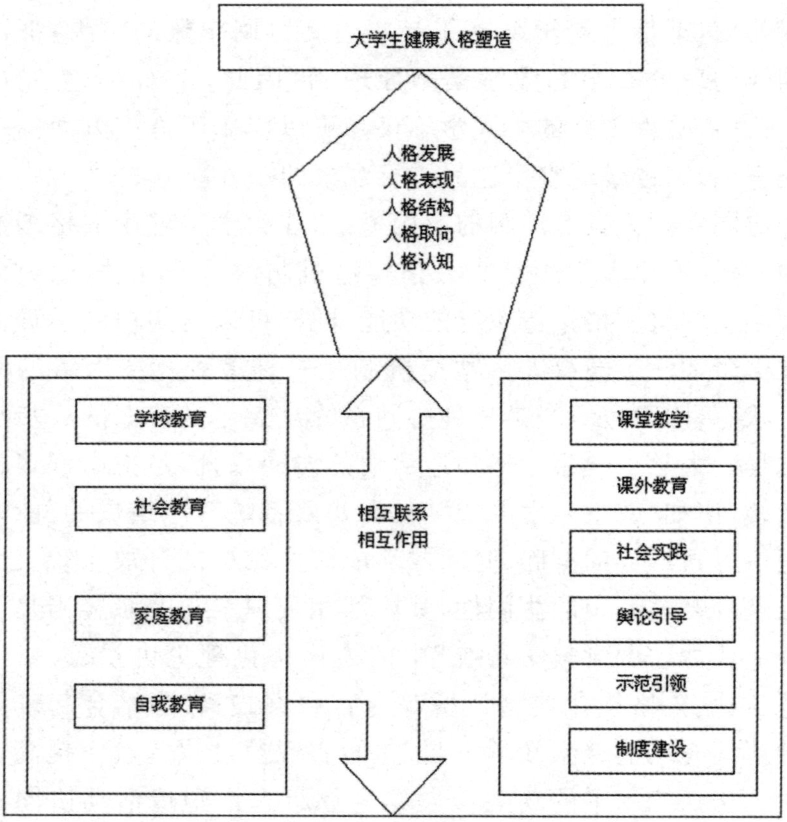

图 7-2

3. 过程调控与大学生健康人格塑造机制

由于大学生健康人格塑造机制是在影响大学生健康人格塑造的相关因素内在联系中所形成的互动整合、并具有其特殊功能的有机结构状态与实现功能的有序过程，因此，大学生健康人格塑造机制是在一定的过程调控中形成的，也是在一定的过程调控中发挥作用的。因此，针对大学生健康人格塑造过程的特点，积极实施有效的过程调控举措，使大学生健康人格塑造过程真正处于一种有序组织、协同互动的良性发展状态，对于充分发挥大学生健康人格塑造机制的重要功能具有重要作用。

大学生健康人格塑造的过程调控,就是通过积极监督与合理控制大学生健康人格塑造活动过程的运行,以起到检查进度、纠正偏差等作用,最终使得每个大学生有拥有健康人格。实施大学生健康人格塑造的过程调控,必须根据所处的时代背景和环境状态,把大学生健康人格塑造作为一个不断发展变化的过程,并在这一过程中逐步完善大学生健康人格塑造系统,使大学生健康人格塑造形成一种动态发展的良性运行状态。大学生健康人格塑造必须强化过程调控,以突出大学生健康人格塑造的系统性。

大学生健康人格塑造机制的形成与过程调控密切相关。通过对大学生健康人格塑造过程的积极调控,就是在对影响大学生健康人格塑造的阶段、步骤进行系统研究和充分认识的基础上,发现并确定影响大学生健康人格塑造过程的重要阶段与关键步骤,实施大学生健康人格塑造的有效方法,从而为保持大学生健康人格塑造的持续性发展提供指导。具体而言,就是针对大学生健康人格塑造的领导、计划、实施、保障等重要方面进行深入分析研究,发现大学生健康人格塑造的领导、计划、实施、保障等方面存在的问题及原因,并提出相应的对策建议。对大学生健康人格塑造过程进行调控,关键是对大学生健康人格塑造过程的质量评价。大学生健康人格塑造过程的质量评价是指对大学生健康人格塑造过程状况的价值评定、判断和提出对策的评估过程。过程质量评价包括影响大学生健康人格塑造过程评价因子的确定、过程识别、评价标准、变化监测等相关重要内容。依据这些相关重要内容所形成的过程调控作用,分别体现在课堂教学、社会实践、制度建设等相互促进,学校教育、家庭教育等形成合力的大学生健康人格塑造系统之中,从而充分发挥大学生健康人格塑造机制的重要功能。

因此,增强大学生健康人格塑造机制的过程调控性,就是通过跟踪对大学生实施健康人格塑造所产生的效果,对健康人格塑造的方式和途径进行适时调整,以实现双向激励。其本质是使大学生健康人格塑造工作形成带有反馈机制的循环工作系统,旨在提高大学生健康人格塑造工作所起到的实际效果。通过实施过程调控,可以对大学生的有益行为进行有效的激发,并且抑制其不良行为,以突出大学生健康人格塑造活动中的主体地位。因此,增强大学生健康人格塑造机制的过程调控性,有利于引导大学生掌握思想道德的客观标准,形成正确的人格行为取向,培养教育大学生形成良好人格,提高大学生的综合素质,促进大学生健康成长。

在积极的过程调控中形成大学生健康人格塑造的有效机制,特别要注意正确分析和把握好以下几种情况:一是要对低年级学生与高年级学生的具体情况进行正确分析和把握。由于低年级学生与高年级学生在人格认知中具有一定差异性,因此,在大学生在健康人格塑造的过程中,对低年级学生与高年级学生的培养教育方式方法应当有一定的区别。二是要对学科专业不同学生的具体情况进行正确分析和把握。由于不同学科专业学生在人格认知中也具有一定差异性,因此,在大学生健康人格塑造过程中,对学科专业不同学生的培养教育方式方法应当有一定的区别。三是要对不同性别学生的具体情况进行正确分析和把握。由于不同性别学生在人格认知中依然具有一定差异性,因此,在大学生健康人格塑造过程中,对不同性别学生的培养教育方式方法应当有一定的区别。四是要对不同身心状态学生的具体情况进行正确分析和把握。由于不同身心状态学生在人格认知中依旧会具有一定差异性,因此,在大学生健康人格塑造过程中,对身心状态不同学生的培养教育方式方法应当有一定的区别。五是要对不同家庭背景学生的具体情况进行正确分析和把握。由于不同家庭背景学生在人格认知中同样具有一定差异性,因此,在大学生健康人格塑造过程中,对家庭背景不同学生的培养教育方式方法应当有所区别。六是要对不同教育者的具体情况进行正确分析和把握。由于不同教育者的工作领域、工作方式和工作途径等具有一定差异性,因此,在大学生健康人格塑造过程中,不同教育者所采取的培养教育方式方法应当有所区别。此外,还可以发现其他不同的具体情况。总之,必须因人而异,具体情况具体分析,具体问题具体处理,才能在积极的过程调控中形成大学生健康人格塑造的有效机制,把握过程调控趋向,并充分发挥其重要功能。可以用如下图示(图 7-3)加以显示。

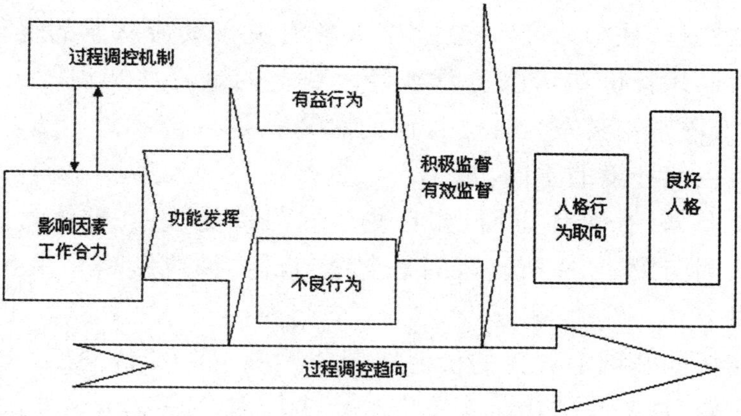

图 7-3

二、大学生健康人格塑造机制的运行

大学生健康人格塑造机制的有效性主要体现在大学生健康人格塑造机制的过程中。因此,大学生健康人格塑造机制的运行与大学生健康人格塑造机制的成效具有直接的关联。我们认为,深入分析、充分发挥研究大学生健康人格塑造机制的运行状态与运行功效,主要涉及以下几方面内容。

(一)建构大学生健康人格塑造的认同体系

大学生健康人格塑造机制运行的有效性,不仅关系到对人格与文化、道德、家庭等重要因素的认识深度,也关系到对大学生所体现的社会地位、心理状态等特点的认知水平,同时还关系到社会各个团体对大学生的认可期望。因此,在深入分析研究大学生健康人格塑造机制的认同体系的基础上,积极建构大学生健康人格塑造机制的认同体系,应当成为大学生健康人格塑造机制运行有效性的重要显现。

人们相互接触时，往往会有一种“求同”或“求异”的定式心理。求同，实际上就是一种认同的心理活动过程。认同大致可以分为两大类：一是“自我认同”或是“个人认同”，是指自己对自我现状、社会期待等各层面的觉知，统合而成为一个完整的、协调的结构。二是“社会认同”，是指“个人拥有关于其所从属的群体，以及这个群体身份在情感上及其价值观上的重要性知识”[①]。实际上，个人用来定义本身社会身份的总和就是社会认同。随着个体发展与生活环境的不同，每个人一生可能发展出各种不同的认同与接受范式：在个体方面，如自我认同与接受等；在群体方面，如阶级认同与接受等，所以认同是个体与群体彼此影响和相互作用的重要方式。

在认同基础上产生的价值取向或判断，称为“认同感”。从一定意义说，认同感的满足主要取决于主体对存在做出怎样的认知反应，认知反应的方式和状态不同在很大程度上影响着认同感的取向，也因此影响人的心境。

大学生健康人格塑造机制的有效运行，就是要建构人们对大学生健康人格塑造活动的认同感。也就是说，通过充分发挥大学生健康人格塑造机制有效运行的功效，有利于促进人们积极建构大学生健康人格塑造的认同基础。因为从心理接受的角度分析，“认同”是“接受”的必要条件，缺乏认同的心理基础难以形成真正的接受。从根本上说，大学生健康人格塑造活动的认同性就是一定的社会认同性，正如人格理论研究专家埃丽奇·弗洛姆深刻指出：“人是社会的人，是在一定的文化中与文化相互联系、相互影响的人。人与动物有着本质的区别，虽然动物在发展的过程中也经历了个性化的过程，但只有到了人类社会，人的社会化才发展到高峰。是社会创造了人，人在这个社会中不断地被社会所同

① 刘菁：《虚拟学习社区中学习者归属感的探讨》，《中国教育技术装备》2009年第6期。

化，从而满足社会需要，形成与社会相应的人格。”[1]如果大学生健康人格塑造活动缺乏一定的社会认同性，那么，大学生健康人格塑造的目标就没有被人们接受和认可的可能性。只有建构人们对大学生健康人格塑造活动的认同感，具体来说，主要体现为以大学生、学校、社会、家庭等方面对健康人格塑造活动的积极认同为基础，大学生健康人格塑造工作才能够被社会各个群体所理解和接受，得到他们的积极支持，学校教育、家庭教育等也才能真正相互促进、形成合力。如果失去了这种认同性的重要基础，大学生健康人格塑造机制的有效运行就失去了支撑，其功效就无从发挥，大学生健康人格塑造目标就无从实现。

通过大学生健康人格塑造机制的有效运行，建构人们对大学生健康人格塑造活动的认同感，主要体现在形成对大学生健康人格塑造的利益认同、情感认同和价值认同的“三认同”体系。“利益认同”就是大学生能够正确地判断健康人格塑造活动与自身利害关系，从而充分肯定健康人格塑造活动与提升自身素质的有益性。健康人格塑造活动对提升大学生自身素质的有益性，主要体现在有利于帮助大学生确立正确的人生观、有利于引导大学生树立高尚的道德品质、有利于帮助大学生树立创新意识和创新精神、有利于帮助大学生拥有健康的身心、有利于帮助大学生提高自控自律能力等。“情感认同”就是大学生在情绪或心境中对健康人格塑造活动的积极心理趋向，这种趋向形成了大学生乐意接受健康人格塑造活动。“价值认同”就是大学生不仅应当充分肯定健康人格塑造活动在提升自身素质方面所起到的重要作用，而且能够明确认识到健康人格塑造活动能够有效提高社会文明程度的重要意义，这种明确认识决定了健康人格塑造活动能够在更加深广的层面得到大学生、学校、社会和家庭的支持，从而推动大学生健康人格塑造活动积极开展，促进大学生健康人格塑造活动不断取得成效。

---

① 郑希付：《现代西方人格心理学史》，广州：广东教育出版社 2007 年版，第 201 页。

在大学生健康人格塑造认同体系中，“利益认同”是大学生健康人格塑造的基础，如果失去了塑造对象在利益认同上一致性的这一重要基础，大学生健康人格塑造活动就失去了必要的支撑；“情感认同”是大学生健康人格塑造的自觉内化，如果失去了塑造对象在情感认同上一致性的这种自觉内化，大学生健康人格塑造活动就难以发挥应有的作用；“价值认同”是大学生健康人格塑造的目标，如果失去了塑造对象在价值认同上的一致性这一目标，大学生健康人格塑造活动就失去了方向。因此，大学生健康人格塑造的“利益认同”“情感认同”“价值认同”是相互影响、相互作用的系统联系。通过这种联系，才能真正建构大学生健康人格塑造的认同体系，充分发挥大学生健康人格塑造系统的重要功能。建构大学生健康人格塑造的认同体系，可用如下模型（图 7-4）加以显示。

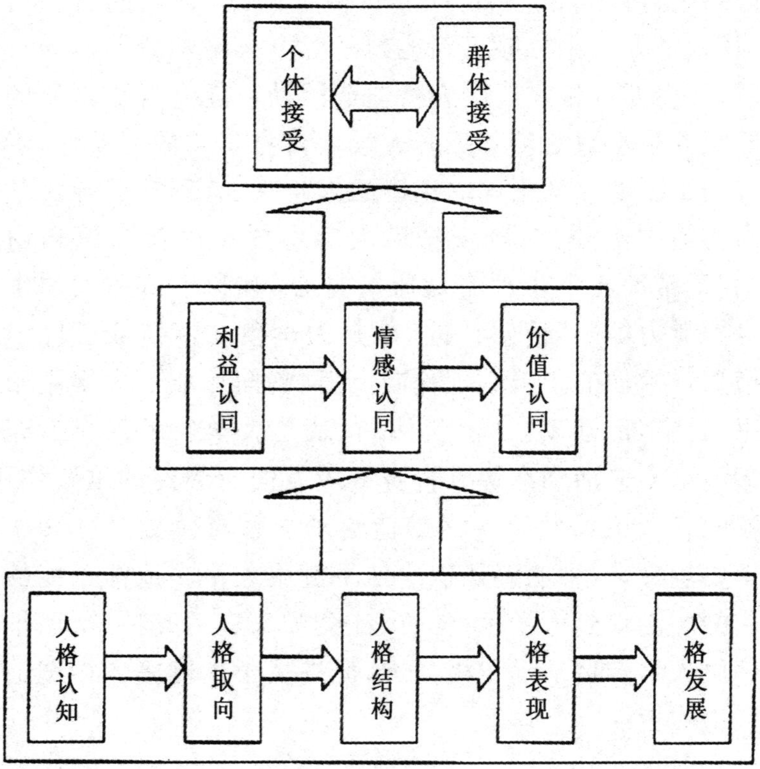

图 7-4

(二)形成大学生健康人格塑造的工作合力

大学生健康人格塑造机制运行的有效性,关系到课堂教学与课外教育,舆论引导与制度建设,学校教育与家庭教育、社会教育的互动整合。因此,必须形成大学生健康人格塑造的工作合力,才能体现大学生健康人格塑造机制运行的有效性,进而实现大学生健康人格塑造活动的预期目标。当然,形成大学生健康人格塑造的工作合力,涉及诸多因素和关系的分析研究,其互动整合的过程也是十分复杂的。形成大学生健康人格塑造的工作合力主要体现为如下重要方面。

首先,在课堂教学与课外教育的互动整合中加强大学生健康人格塑造。课堂教学是加强大学生健康人格塑造的主要方式,必须高度重视在课堂教学中实施健康人格培育;课外教育在拓展课堂教学的内容和形式方面发挥着不可忽视的作用。因此,应当在课堂教学与课外教育互动整合的过程中加强大学生健康人格塑造,形成一种协调互动的教学教育机制。

通过课堂教学,开设具有针对性的人格理论教育专题课,如“大学生的荣辱观与人格修养”“大学生的审美观与人格修养”“大学生的民族观与人格修养”等理论专题课,在专题研讨之中引导学生明确加强健康人格修养的必要性和紧迫性,阐明大学生健康人格的基本属性和表征,使学生提高对健康人格修养的理论认知水平。需要特别注意的是,在课堂教学中要在“公共课”“专业课”中都注重加强大学生健康人格塑造。“公共课”是每个学生都必须接受教育的课程,因而是加强大学生健康人格塑造的影响面最大的课程,如“马克思主义基本原理概论”“思想道德修养与法律基础”“中国近代史纲要”“形势与政策”以及“大学语文”“心理健康教育”“创业就业指导教育”等公共课,就包含着丰厚的健康人格塑造内容,因此,应当充分利用和发挥公共课的作用,引导教育大学生明确加强健康人格修养的必要性和紧迫性,阐明大学生良好人格的基本属性和表征,使学生提高对健康人格修养的理论认知水平。

与此同时，还应当高度重视在各种“专业课”中加强对大学生健康人格塑造。专业课是不同年级、不同专业学生学习专业知识、培训专业技能的课程，也应当包含对大学生进行健康人格教育的内容，因为如何学习、掌握、运用专业知识和专业技能，都与大学生的人格修养有着十分密切的关联。一个人格不健全的大学生，是无法熟练掌握专业知识和专业技能的。因此，必须坚决消除“专业课与人格教育无关”“专业课教师只传授专业知识和专业技能”的落后、错误的教学观念，牢固树立“公共课和专业课都是加强大学生人格优化培育的重要课堂”的教学新理念，在公共课与专业课的互动整合中加强大学生健康人格塑造，以形成全方位、全过程和全体教师都在课堂教学中共同加强大学生健康人格塑造的新机制，增强大学生健康人格塑造的说服力和影响力。

当然，积极开展课外教育，也是加强大学生健康人格塑造的重要工作。在课外教育中，开展人格修养教育活动，如在图书馆活动场所、体育活动场所等，这些都是学生课外活动的重要场所，也是塑造大学生健康人格的重要场所，因而应当引导教育大学生将课堂教学所获得的理论认识自觉实践于课外活动中，如“相互尊重与相互合作”“按时归还所借书报和器具”“不损坏公物和他人物品”“坚决杜绝偷窃公物行为”“按价付款和杜绝浪费”“讲究清洁卫生”“维护公共秩序和营造和谐环境”等，把健康人格培育落实在大学生课堂教学之外的活动环节和生活场所之中，引导大学生在课外活动中养成自觉体现健康人格的习惯和风尚。

其次，在舆论引导与制度建设的互动整合中加强大学生健康人格塑造。大学生健康人格的形成在很大程度上受到社会氛围的影响，因而加强大学生健康人格塑造的重要方法，就是通过积极的舆论引导，促进大学生形成健康的人格。一段时期，一些新闻媒体对“大学生作假行为（如考试作弊、论文抄袭等）”的曝光，一些新闻媒体大力宣传具有良好人格的典型（如“助人为乐模范”“尊老爱幼模范”“诚实守信模范”等），都可以说体现了社会舆论、社会思潮对大学生健康人格的呼唤，对营造大学生形成健康人格的社会氛围起到了重要作用。因此，应当通过深入、广泛的社会舆论宣传渠道（如新闻报刊、影视作品、网络等舆论渠道）引导大学生深刻认识健康人格与自身活动的紧密联系，教育大学生在学习、生活和社会实践活动中自觉体现健康人格的风尚。

与此同时，加强大学生健康人格塑造的制度建设，建立健全相关规章制度，也具有不可或缺的作用。比如，建立和健全诚信档案制度，主要包括以下重要方面：一是建立健全学生本人对自身有关诚信内容的记录档案制度；二是建立健全学校对学生有关诚信内容的记录档案制度，涵盖学业成绩、毕业评语等；三是建立健全学校与学生签订有关诚信协议书的档案制度，主要有"诚信考试承诺书""诚信还贷承诺书"等制度规范。总之，不仅要充分发挥舆论的导向作用，而且要充分发挥制度的规范作用，在舆论引导与制度建设的互动整合之中加强大学生健康人格塑造，是增强大学生健康人格塑造成效的一个极为重要的途径。

最后，在学校教育与家庭教育、社会教育的互动整合中加强大学生健康人格塑造。学校是大学生学习、生活的主要场所，因此，大学教育在很大程度上影响着大学生健康人格塑造。当然，大学教育是一个较为复杂的系统，因而从学校方面来加强大学生健康人格塑造，其方法就不是简单化的，而是涉及诸多相关因素和关系，包含许多重要内容。具体来说，主要体现为如下相关重要方面：一是学校领导必须对大学生健康人格塑造给予高度重视，对大学生健康人格塑造有着明确的工作定位与思路；二是学校应当对大学生健康人格塑造给予必要的经费投入，加强其制度建设、队伍建设和设施建设；三是学校应把加强大学生健康人格塑造与教育教学方式改革有机结合起来，把塑造大学生健康人格渗透到课内外教学及社会实践之中。

再就家庭对大学生健康人格塑造来看，也包含许多重要内容。家庭是社会的细胞。家庭总是以多种方式对大学生健康人格塑造产生不同程度的影响。具体而言，主要体现为如下相关重要方面：一是家庭关系状态，如父母之间的关系状态、父母与子女的沟通方式等都会影响大学生的健康人格塑造；二是家庭教育状态，如父母对教育子女的认知度、父母对子女的期望值等都会对大学生的健康人格塑造产生影响。

此外，就社会对大学生健康人格塑造来看，也包含许多重要内容。正如马克思所说，人的本质是社会关系的总和。因此，大学生健康人格塑造不仅与家庭、学校有着十分密切的关联，而且与社会有着非常紧密的联系。具体而言，主要体现为如下重要方面：一是社会对大学生健康人格塑造的关注程度、价值取向等都对大学生健康人格塑造具有重要影响；二是社会物质精神生活水平、社会经济运行方式等都对大学生健康人格塑造具有重要影响；三是社会组织结构方式、社会开放程度等都对大学生健康人格塑造具有重要影响；四是社会文明风尚如社会历史文化状态、社会舆论导向等都对大学生健康人格塑造具有重要影响。[①]

需要注意的是，在学校、家庭、社会对大学生健康人格塑造的影响和作用中，各个系统是彼此联系、相互作用的，形成互动整合的大学生健康人格塑造工作合力机制，才能将大学生健康人格塑造系统的整体功能充分发挥出来。如果学校、家庭、社会各行其是，甚至相互拆台，则不利于大学生健康人格塑造工作的开展，从而难以实现使大学生都具有健康人格的目的。

（三）推动大学生健康人格塑造的持续发展

大学生健康人格塑造机制运行的有效性，应当体现在大学教育的整个过程。因此，能否推动大学生健康人格塑造机制的持续发展，是衡量大学生健康人格塑造机制是否能够充分发挥作用的重要标志。如果大学生健康人格塑造机制只是在某一特定时期或某一特定阶段起作用，不能推动大学生健康人格塑造的持续发展，那么，大学生健康人格塑造机制的有效性就会大打折扣，大学

① 庞跃辉：《大学生人格优化系统研究》，北京：北京大学出版社 2011 年版，第 227 页。

生健康人格塑造机制工作就只是一种短期行为。这种短期行为，必然造成大学生健康人格塑造机制工作不能够有步骤、有计划地进行，最终只能自食急功近利的后果。

通过大学生健康人格塑造机制的有效运行，推动大学生健康人格塑造机制的持续发展，就是要建立和运行大学生健康人格塑造机制的长效机制。大学生健康人格塑造的长效机制，就是从人格与文化、人性、情感、家庭等因素关系出发，针对大学生所体现的社会地位、价值取向、心理状态等特点，结合社会各个群体对大学生的认可期望，在影响大学生健康人格塑造相关因素内在联系中所形成的持续互动整合、并具有其特殊功能的有机结构状态与实现功能的持续有序过程。这种持续有序过程，主要体现为通过大学生健康人格塑造机制的长期有效运行，不断保持课堂教学、社会实践、制度建设等长期性相互促进，学校教育、家庭教育等形成长期性合力的大学生健康人格塑造系统方式和功能实现途径，进而不断取得大学生健康人格塑造的积极成效，对大学生健康成长和全面发展产生长期的积极影响和重要作用。关于如何建立和运行大学生健康人格塑造的长效机制，政治思想教育专家李建强在《关于探索长效机制建设的若干思考》著述中提出了深刻见解①，对于我们探索大学生健康人格塑造的长效机制具有十分重要的启发意义。

第一，大学生健康人格塑造的长效机制的建设应当有一个宏观的、整体的构架。实际上，大学生人格健康人格塑造长效机制的建设是一个系统工程，不能做到哪里是哪里，而应当根据党和国家对大学教育所提出的宗旨、任务，以及大学教育所面临的新形势，有一个总体的考虑和规划。对整个大学教育是这样，对一个学校、一个单位、一个部门的大学生教育组织来说，同样如此。具体而言，可以考虑从以下几个方面入手：一是建立长效的人格理论学习机制；二是建立长效的健康人格塑造管理机制；三是建

① 李建强：《关于探索长效机制建设的若干思考》，《上海党史与党建》2005 年第 12 期。

立长效的健康人格塑造参与机制;四是建立长效的健康人格塑造责任机制;五是建立长效的健康人格塑造实践机制;六是建立长效的健康人格塑造自律机制;七是建立长效的健康人格塑造分析评议机制。[①] 此外,还应该专门研究和深入探讨大学生健康人格塑造机制建设的总体规划,有步骤地实施,做到明确思想指导下的有序建设,尽可能地消除或减少随意性、盲目性、浮躁性,以免造成不良后果。

第二,大学生健康人格塑造长效机制的建设,除了要形成一些书面的规章制度,还要建立起一整套切合实际的、有约束力的、全面的监管机制。比如,加强和改进大学生思想道德教育的规章制度,一些学校先后出了不计其数的规定或规范,但是落实执行的情况却不尽如人意。这是因为,规章制度虽然是必要的,具有其不可比拟的重要作用,但毕竟只是一种"纸面约定"。一些人既可以制定它,也可以弃置它,甚至对之置若罔闻。实践证明,加强和改进大学生思想道德教育,开展大学生健康人格塑造工作,单单靠纸面上的规定是远远不够的。因此,必须建立起一整套便捷有效的机制,以便对加强和改进大学生思想道德教育实行有效的管理和监督,及时发现问题,并及时采取措施予以解决,从而不断推进大学生健康人格塑造工作,才能不断提高大学生健康人格塑造工作的绩效。

第三,大学生健康人格塑造长效机制的建设,不能仅仅重视当下经验的总结,满足于当下的需要,同时要着眼于长远的考虑。应该承认,我们现在的一些加强和改进大学生思想道德教育的规章制度,考虑"不准什么"的比较多,真正保障大学生"能够做什么""能够做好什么"的考虑却很少。也就是说,考虑当下的需要比较多,真正从长远发展考虑的还比较少。比如,有些学校所制定的"学生文明行为规范"大多是规定学生在校不准什么、不允许什么,这就有问题了。这种头痛医头、脚痛医脚的办法,是不可能

① 庞跃辉:《论大学生人格优化系统的培育机制》,《上海交通大学学报(哲学社会科学版)》2009 年第 6 期。

真正产生长期成效的。因此，推动大学生健康人格塑造的持续发展，一定要有长远的眼光，一定要有高远的立意，并尽可能地与当前的实际需要结合起来。总之，针对当下实际情况的条文规定是需要的，但不能仅仅停留在这个层面上，要更多地着眼于长远，着眼于根本，着眼于引导和示范效应，才能真正推动大学生健康人格塑造工作的持续发展，不断为大学生健康成长创造良好条件。

第四，要有积极开放的心态，善于吸取和借鉴国际上一些大学对大学生健康人格塑造的成功经验。对大学生进行健康人格教育，不仅是我们高度关注的问题，而且也是其他国家的许多高校关注的问题。例如，美国一些高校注重从爱国教育、心理教育、价值观教育等方面激发学生的民族自豪感和责任感。其中最具特色的教育方式就是对历史上成就突出、贡献巨大的象征性人物的宣传介绍，以多种形式对这些人物的历史功绩进行功德彰显，用以激励学生。再如，英国一些高校以"德行、智慧、礼仪和学问"为着力点，培养学生的社会意识、公民意识以及善良、宽容、乐观、勇敢、诚实、自信、自尊、自立、坚韧、勤奋、认真、负责、自制、谦逊、分享、自省、乐于合作、热爱生命等优良品质，树立与社会价值取向一致的价值观和人生态度。20 世纪 70 年代以后，英国一些高校则开始注重对学生的政治理念进行有效的启发、引导学生对争论性问题发表自己的想法。日本一些高校则对学生"坚韧性""民族认同感"以及创新精神的培育十分重视。① 不可否认，资本主义国家的高等教育在对大学生健康人格塑造中是有一些虚伪的东西，但他们运作了长达上百年时间积累起来的经验和做法，有些还是比较成功的。如果我们有这样的开放心态和不凡的气度，又有清醒的头脑，加上明确的目标，我们在建设大学生健康人格塑造长效机制的过程中，应当积极主动地学习和借鉴国外一些高校在大学生健康人格塑造中的成功做法。应该说，这对我们是有不可忽视的积极意义的。

---

① 陈于后、游建军、王建琼：《当代西方国家高校思想政治教育及对我国的启示》，《探索》2009 年第 1 期。

第五，大学生健康人格塑造长效机制的建设，关键不在多说，而在实做、做实。应该说，大学生健康人格塑造长效机制建设的重要性，经过近些年加强和改进大学生思想道德教育活动的推动，已经形成了空前的共识。现在的关键问题是怎样通过学校、社会、家庭和学生的共同努力，把它真正落到实处，把大学生健康人格塑造取得的成果巩固好、发展好。这里，有两个误区必须消除。一是有些人认为，大学生健康人格塑造是看不见、摸不着的东西，主要就是不断解决大学生的思想问题。这显然是片面的。当然，健康人格塑造的确需要不断提高对人格认知的思想认识水平，但提高对人格认知的思想认识水平是与大学生的学习、生活实际具有密切关联的，如果不重视解决大学生在学习、生活中的实际问题，健康人格塑造就会陷入虚无化。二是有些人认为，大学生健康人格塑造主要靠学校出台政策和规定，还有一些人认为大学生健康人格塑造主要是思想政治理论课教师和学生辅导员的工作事项。这显然也是片面的。因为推动大学生健康人格塑造的持续发展，不仅需要有制度方面的保证，还要靠日常教育提供基本的保障；不仅要依赖于个人对自己的严格要求，严于律己，还要靠组织的严格管理；不仅要靠学校开展集中教育，还要靠持之以恒地、毫不松懈地坚持教育与管理。所以，不能把大学生健康人格塑造仅仅当作某种政策或某种规定予以执行，也不能把大学生健康人格塑造工作看作只是某些部门、某些人的事情。大学生健康人格塑造是一项系统工程，必须充分调动各方面的积极因素，在相互联系、相互作用、相互促进之中形成合力，才能切实推动大学生健康人格塑造的持续发展，从而不断取得大学生健康人格塑造的新成效。

时代总是不断地变化发展，大学生健康人格塑造也要不断与时俱进，与时代精神和社会要求相适应，不能寄望只通过短期的集中教育活动就将大学生健康人格塑造问题予以有效地解决。因此，大学生健康人格塑造工作是一项长期任务。既然是长期任务，就必须通过长效机制的建立健全和有效运行，使大学生健康人格塑造工作进入一种持续的良性发展状态，持久地发挥大学生健康人格塑造系统的重要功能，才能对促进大学生健康成长和全面发展产生深远的积极影响。

第八章　大学生健康人格塑造的方法与评估研究

随着改革的深化发展，中国社会正处于新旧交替的转型时期，人们的思想和行为方式正发生着巨大的变化。许多的传统人格被人们摒弃，人们的精神家园一度出现了空白，尤其在当代的大学生中表现得尤为突出。因此，在新形势下，如何塑造大学生的健康人格，成为高等学校面临的一个重要课题。由此探索大学生健康人格塑造的相关内容就显得尤为重要。本章主要从大学生健康人格塑造的目标与内容、理论与原则、途径与方法以及评估体系等方面进行阐述。

第一节　大学生健康人格塑造的目标与内容

一、大学生健康人格塑造的目标

目标是行动的方向和目的。自觉的行动必须要有明确的目标。大学生健康人格的塑造也要设定合理的目标，以便达到理想的效果。根据有关学者的研究，对于大学生人格塑造的目标的理解应该从以下几个层面进行把握：一是同时兼顾传统人格与现代人格；二是同时兼顾内在人格和外在人格；三是按照不同的发展目标有层次地实现。

(一)传统人格与现代人格的统合

中国传统文化人格的含义是相当丰富的,也是现代社会所必须传承的,其中的主要内容有:热爱祖国,维护祖国的和平与统一;遵守道德规范,注重修身律己;孝敬父母,怀有仁爱之心;诚实守信,礼貌待人;以民为本,恪守自己的职责;志存高远,树立崇高的理想。这些传统文化的人格特质,不仅对传统社会的发展具有重要的意义,而且对当今社会大学生人格的发展同样具有重要的意义。我们认为,忽视传统文化教育是造成当前大学生心理与人格危机的一个原因。

当然,随着社会现代化进程的加快,现代社会对大学生的人格赋予新的内涵,也提出了更高的要求,如果仅仅只依靠传统的人格特征势必不利于大学生的人格发展。现代社会要求大学生不仅要具有传统的理想人格特征,还要有走向世界、走向未来的精神风貌。在全球化的社会里,人们正受到多元化文化价值观的影响,因而大学生的人格特征也相对之前发生了较大的变化。但与此同时,大学生人格发展的弱点也逐渐显现出来。因此,这就迫切需要为大学生塑造一种具有整合过去与现在、传统与现代的人格品质,以实现人格的现代转型。

(二)内在人格与外在人格的并重

人格主要包括两部分:一是内在人格,一是外在人格。内在人格更注重的是个人自身健康地成长和发展,主要有自我接纳、人际关系、人生态度、适应和调节能力等有关个体生存和成长的人格因素。而外在人格更注重个人在社会上的付出和贡献,如道德人格、创造力与自然的关系。随着社会节奏的加快,如果人们只停留在关注外在人格的方面,那么个体内在人格就很容易出现各种问题,最终难以适应社会的发展。这显然是与人类自身发展的目标相悖的。尤其在当今社会,强调两种人格并重,对于塑造大学生具有时代特征的健康人格具有十分重要的意义。

(三)目标的层次性和递进性

大学生健康人格塑造的目标可以分为以下三个层次。

第一,矫治性目标,又称为初级目标。它是指针对大学生人格发展中已经出现的某些问题进行治疗,以消除人格障碍,矫正人格问题,促进大学生保持健康人格。

第二,预防性目标,又称为中级目标。它是指在对学生人格观察的基础上开展的一系列的教育活动,防止大学生产生心理问题和人格障碍,使学生的人格能够健康发展。

第三,发展性目标,又称为高级目标。它是指根据大学生阶段的人格特征和现代社会发展所需要的人格特征,通过心理教育的方式,促进其人格素质不断提高和完善的目标。

上述三项目标共同构成大学生健康人格塑造的目标系统,它们相互联系,成为一个有机的整体。大学生健康人格塑造任务的最终完成,是初级目标向中级目标再向高级目标逐步递进的过程,应当以三项目标的整体实现为标志,应达到三大目标。

二、大学生健康人格塑造的内容

明确了大学生健康人格塑造的目标之后,我们还有必要了解大学生健康人格塑造相关内容,以便使人格塑造的目标顺利实现。具体来说,主要包括以下几个方面。

(一)人格品质的养成教育

健康人格塑造应该包括两个方面,即人格品质的教育和人格心理的教育。这两个方面缺一不可,二者互相作用。人格心理是在人格品质的调节之下发挥作用的,而人格品质也必须依靠于人格心理表现出来,从而形成自己特有的风格。在高校的教育工作中,往往只重视对人格品质的培养,对人格心理还没有给予足够的重视。这样一来,大学生的人格素质就很难提高,甚至在某一方面还会出现缺陷。因此，我们要塑造大学生的健康人格，就必须从多个角度来认识这个问题，以便全面地、多方位地塑造大学生的人格，从而使大学生人格品质和人格心理形成统一。

大学生人格品质除了内部心理达到和谐统一之外，还包括构建外部和谐的人际关系，增强社会适应的能力。西方人本主义心理学家非常重视人际关系对人格塑造的影响，如奥尔波特的"自我与别人的亲密关系"、马斯洛的"人际关系深刻"等。当代大学生不可能一直待在学校里，最终是要走向生活、走向社会的。这就要求大学生学会处理好人际关系，既要肯定自己，又要尊重别人。学校应该通过多种活动培养大学生与他人交往、合作的能力，以及在人际交往中诚实、正直的品格。

(二)认知能力的拓展教育

认知是一个人形成健康人格的重要基础，它是人格品质的重要组成部分。关于认知的作用，人本主义心理学家是持有肯定态度的。他们认为健康人格的形成不应该只关注结果，还应当关注人格形成的过程。

个人对自我需要、自我发展的正确认识，实际上是健康人格的基础。因此，大学生健康人格塑造应该是建立在对自我认知的基础之上的，只有大学生具备了正确的认知能力，才能为其他人格素质的生成和发展创造条件，才能为创造性人格的发展提供强大的智力支持。而且，人类目前发明创造的成果，已经可以体现出人类的个性，如语言、艺术、道德、哲学等，这些文明成果不仅从不同侧面展现了人类的性格特征。而且还是人类认知发展的动力和源泉。

(三)自我意识的培养教育

人的自我意识是个体对自己、自己与他人、自己与周围环境的关系的认识。良好的自我意识是构建健康人格的基础。不论是何种形式的教育都要通过主体积极的内化才能发挥作用。从根本上讲,人格的发展完善是个人主动自觉的过程,其成效主要依赖于个体人格自我建设意识和所付出的努力。因此,自我意识的发展水平将直接影响个体人格塑造的情况。当自我意识发展处于高水平时,人们就能理智地认识自我,悦纳自我,调节和控制自我,不断地完善自我,以创造人生的意义。当代大学生的自我意识还处于发展迅速但是还不稳定的阶段,因此,他们的人格在发展的过程中还面临诸多的问题。这就需要以大学生的自我意识为核心制定一系列的发展目标和内容,如帮助大学生不断完善自我意识、发展自我意识等。我们必须激发大学生在自我意识方面的主体性,使他们在自我意识的建设过程中真正发挥自己的主观性,能够积极主动地把握自己的发展方向。同时,还要培养他们人格建设的意向和方法,最终促使其人格意识的高度觉醒。

(四)道德人格的训练教育

健康人格结构包括多个方面,如道德认知、道德情感、道德行为等,它是诸多要素所构成的统一体。大学生道德人格发展的目标要求大学生能够树立正确的价值观念,运用正确的思维方式,灵活地使用自己的语言,能够根据社会上的道德规范和行为规范来严格要求自己,即追求知、情、行的统一。"道德""品德"同指一种人格特质的价值判断,它必须经过相关的学习才能形成,并不是一个人天生就具备某种所谓的"道德""品德",所以,加强对学生后天的培养是健康人格塑造的独特取向。因此,要通过激发学生情感道德良知来塑造健康人格。

(五)创造性人格的塑造教育

创造性人格是对创造性活动的完成起促进作用的心理品质。它集中体现为强烈的创造动机、创造性的认知风格、坚强的创新意志等。这种创造性人格是大学生素质发展的最新方向,是实现创新所表现出来的特异的心理特征。在心理学中,创造性人格属于非先天性的因素,可以说它比先天的因素更为重要。因为创造性人格是在先天素质的基础上，通过后天的培养来发挥作用的。高等教育的本质在于提升人的内在品质，提升大学生的创造性人格。正如哈佛大学校长所说的“在迈向新世纪的过程中，一种最好的教育就是要有利于人们具有创造性，使人们变得更善于思考，更有追求，具备创造性人格及其品质”。因此，现代大学应该把创造性人格作为大学生人格塑造的一个重要内容，这不仅是高等教育人才培养的目标所决定的，也是当今时代的使命所决定的。

(六)人格整合能力的拓展教育

大学生人格素质的整合发展关系到大学生人格能力的综合培养。实际上，人格在发展的过程中，必然要经历整合的阶段。对于大学生来说，人格在儿童时期就已经达到了一个初步的阶段，具备了一定的整合水平，所以此时的人格教育应当把重点放在人格素质的整合上。不仅要抛弃那些已落后于社会发展需要的旧有人格成分，对原有的优秀的人格品质继续发扬，还要对当今时代所要求的人格品质进行补充，使人格素质不断得到整合和完善，实现传统人格与现代人格的统一。

第二节　大学生健康人格塑造的理论与原则

一、大学生健康人格塑造的理论

改革开放之后，中国社会产生了翻天覆地的变化。科技的进步、经济的发展，使得整个社会生活发生了深刻的改变，从而也引发了人们对自身的关注。随着人们对自身认识的加深，人们把更多的目光转向了人类的潜能，人生的价值。与此同时，教育工作者们也开始认真探讨人格健康发展的理论和实践，以期在中国现代化发展的进程中塑造出具有健康人格的新一代。

不论是教育的主体还是教育的客体,都离不开对人的关注。大学生健康人格的塑造也应围绕着“人”来展开。对此,西方的许多学者都对健康人格的塑造进行了理论研究,给人们以启迪和思考,然而,由于其理论基础的局限性和人性论上的错误,许多人的研究理论还是不自觉地陷入了唯心主义。直到马克思科学人性理论的出现,彻底地扭转了这一局面。在中国,科学发展观是对马克思主义的继承和发展,因而它的提出也为大学生健康人格的塑造提供了新的理论的依据。

(一)马克思的科学人性论

1.科学人性论的内容

马克思的科学人性论说明了健康人格塑造的重要意义。人的实践活动归根结底是一个创造性的活动,这些活动是为了满足人的需要而发明创造的。然而,在现实社会中,由于每个人的认识水平、实践能力以及在社会上所处的地位不同,每个人的需要程度存在很大的不同。这种差异性反映在认识和行为方式上便会产生各种思想问题和行为偏向,造成人们在社会中出现种种的矛盾和问题。解决这些问题最根本的途径就是要不断改变人与人之间的关系。而要想改变这种关系,就要从人格塑造做起。如果没有人格塑造,社会便会陷入混乱之中。马克思立足于人的现实性去探索人性,从而第一次得出了关于人性的科学学说。马克思的人性论主要体现在以下三个方面。

(1)人性的基础就是自然性。马克思认为,研究人性“首先要研究人的一般属性”[1],它是指人作为自然界的一种生物而存在的属性。作为自然界的一种物体,重要的就是在自然界生存下来。一个人如果连生命都没有,那么不管是什么价值都没有意义,生

① [德]马克思、恩格斯:《马克思恩格斯全集》(第23卷),北京:人民出版社1975年版,第669页。

存最基本的条件就是衣食住行，这是人类开展一切活动的前提，也是理解人性的基础。

(2)人性的本质就是社会性。马克思认为，研究人性还要“研究在每个时代历史地发生了变化的人的本性”。[①] 也就是说要从社会的角度揭示人的本质。人的生存发展离不开社会，每个历史时期社会关系中，人性所表现的内容也不相同。人性是在社会历史的演进过程中逐渐形成和发展的。

(3)人性的核心是主体性。马克思认为，人的活动“恰恰就是自由的自觉的活动”。[②] 主体的一切活动都来自于人的自我需要。人性发展的过程实质上就是自我需要满足的过程。如果主体活动最终是破坏了人的需要，那么社会与人性的关系就变成了相害的关系。

2. 科学人性论对大学生健康人格塑造的必要性

马克思的科学人性论思想对当前塑造大学生健康人格有重要的意义，具体表现在以下几个方面。

(1)从整体上把握人性的含义，塑造健康人格

从人性的整体内涵出发，人的活动主要目的就是使生命得到延续，使潜能得到开发。对于每一个人而言，最基本的目的就是使生命得到延续，在这基础之上的目标才是促使个人潜能的开发，理论上，二者应该是互相依赖的关系，但是在实际的物质环境中，二者的关系出现了背离。一方面人们为了自身的生存而奋斗，创造更多的物质财富以满足自身的需要；另一方面又由于欲望的无限膨胀而导致人生意义出现下滑。在市场经济发展的大背景下，人与人之间的关系更多的是通过物质来表现的，人性被物性所取代，甚至会在物的大环境中迷失自己，完全没有了精神

① [德]马克思、恩格斯：《马克思恩格斯全集》(第23卷)，北京：人民出版社1975年版，第669页。

② [德]马克思、恩格斯：《马克思恩格斯全集》(第42卷)，北京：人民出版社1979年版，第96页。

依托,人与人之间的关系完全服从于利益的需要,最终导致人性危机。因此,要提升人性,就必须从精神方面加以强化。虽然社会实践是提升人性的主要途径,但是所有的实践活动也必须是在人的思想指导之下完成,尤其是健康人格的塑造更离不开思想的引导。健康人格塑造应以人的发展和完善为目的,它要同时兼顾基本的发展要求和更高层次的要求,使人的需求向高层次转化。健康人格塑造通过加深人们对人性的本质的认识,提升人们的物质追求,致力于探索人的精神世界,使人性获得全面而健康的发展。

(2)树立以人为本的健康人格塑造的新理念

在人性的发展层次中,主体性是最高层次,它是指主体主观能动性的发挥。在健康人格塑造中,受教育者作为客体,具有主体的一切特征,同教育者一样也是健康人格塑造过程的主体。健康人格塑造既是教育者按照一定的组织目标实施教育的过程,也是受教育者调动主观能动性接受教育的过程。健康人格塑造要想发挥自身的作用,离不开受教育者内在因素的转化和激发。在教育过程中,受教育者总是根据自己所能接受的内容以及自己可以接受的程度来参与整个教育活动的过程。很显然,在整个健康人格塑造的过程中,受教育者的主观能动性是不容忽视的。这就需要在人格塑造的过程中,坚持"以人为本"的理念,真正地关注人的需求和发展。当今健康人格塑造的对象是享有独立人格的人,尤其是大学生的人格特征表现得更加明显,他们有追求、高品质的精神文化生活的强烈需要。对此,在对大学生进行健康人格塑造的时候,要切实抓住这一关键点,引导大学生把实现自身价值与实现国家利益结合起来,让健康人格塑造发挥它应有的社会功效。

(二)马克思的"全面发展的人"思想

1. 马克思对人格的解释

马克思关于"全面发展的人"的思想对我们当前塑造大学生

健康人格很有意义。马克思对人格的含义做了科学的规定，其主要内容有以下几方面。

(1)人格是一个历史性的范畴

马克思认为人的发展和社会的发展是统一存在于社会发展的形态当中的。马克思曾将社会经济形态分为三种类型，并与之相适应，划分出人三种形态，即自然经济对应“人的依赖关系”、商品经济对应“以物的依赖性为基础的人的独立性”、产品经济对应“建立在个人全面发展和他们共同的社会生产能力成为他们的社会财富这一基础上的自由个性”①。人格的发展也同样适用于这三种形态。从这三种形态的变化可以看出，人格的发展呈现出以物质依赖为基础到摆脱物质依赖自由发展的过程。由此可见，人格是一个历史性的范畴，是历史的产物，是随着社会的发展而发展的。

(2)人是现实中的人

马克思认为人是现实中的人。现实中的人是依托于一定的物质条件的，而人格是在劳动中形成的，劳动同时创造了物质世界和精神世界，形成人所特有的理性、情感、美感等。由于社会制度的原因，人们在社会当中逐渐出现了分化。马克思所讲的现实的人是依赖于一定的生产关系的，它是实实在在存在的，有自己的情感、意志，不同于资产阶级抽象的人。因此，它从根本上克服了资产阶级对人性看法上的生物性缺陷。马克思对于人格的研究也非常重视，但是，受到当时特定的历史条件的限制，马克思认为资本主义私有制是造成这一现象的根本原因。

(3)人格是人的个性的体现

马克思认为个性是个体存在于社会的重要表现。社会发展的最终目标是促进人的全面发展，反过来人的发展对社会进步也同样具有促进作用，同时人格也得到进一步的发展和完善。

---

① [德]马克思、恩格斯:《马克思恩格斯全集》(第46卷)，北京:人民出版社1979年版，第104页。

(4)人格是人的社会属性与自然属性的统一

马克思人格思想的特色之一就是从社会关系角度去思考关于人的问题。马克思明确提出人的本质并不是单一的表现,它是多种社会关系的总和。马克思承认人是具有自然属性的,但同时他又指出,社会性才是人格的基本特征。根据马克思的观点,人格的实质是人的社会化的性质和水平,它只存在于社会当中。所以,人格形成的根本原因在于人格的社会性。

2.马克思人格思想的具体内涵

马克思的人格思想寄托了马克思对人的深切关注。马克思关于人的全面发展的人格思想具体内容主要包括以下三个方面。

(1)人的身心的全面发展

在资本主义条件下,人类的一切活动以物质的发展为主要目的,人们机械地在自己的岗位上工作,完全出于生活的无奈,因而,他们的身心健康并不能在劳动中得到发展。这样一来,人们就不愿意面对劳动,这不仅带来了劳动者人格的畸形和片面的发展,而且使得人与人之间也互相异化,使得整个社会的人格都被普遍摧残。马克思给予人格充分的关注,这有利于促进人格的全面发展。

(2)人的活动和能力的多方面发展

人格的发展主要是通过实践活动来完成的,可以说实践活动是人格发展的源泉。随着生产力的高度发展,人的活动的全面性越来越多地开始与生产相结合。随着人们在生产中耗费的时间越来越短,人们有足够的时间去做自己喜欢的事情,而不再是被迫选择某一种职业。那种由于固定分工的束缚所造成的狭隘的人格被宣告终结。

(3)个体和社会的关系协调发展

人生活在社会当中,必然要与社会的方方面面发生联系,对于个体而言,社会的形态和社会关系都会影响到人格的形成和发展,人格的发展是建立在社会发展的基础之上的,可以说是与社会发展相同步的。人格的全面发展不仅要以社会的全面发展为基本前提，同时又要以进一步推动社会的全面发展为目的。在共产主义社会，个人的发展为他人的发展提供了环境。需要注意的是，共产主义不是说人格就已经完全发展成熟，它还需要继续不断地向前发展。从人对自我的不断认识来看，那时的人格发展，将显示出人的能力的不断增长，人的社会本质不断得到充实和实现。

（三）科学发展观

科学发展观是我国在21世纪提出的新的发展战略，为我们重新看待个人与社会的关系提供了新的视角。根据马克思的观点，人性是属于一定历史范畴的，它随着社会关系的发展变化而发展变化，有什么样的发展观，就会有什么样的人性观。科学发展观集中体现出人们对发展方向的根本观点，它强调以人文本、强调人的全面发展，是大学生健康人格建构的理论依据。建构的方法具体表现在以下几个方面。

1. 树立人的全面发展的教育理念，思想上高度重视人格塑造

对于当代大学生的发展而言，人格塑造是最为核心的问题。21世纪，整个社会都步入了全面发展的阶段，因此，人格的全面发展也成为一个重点。就当今的社会而言，综合性的人才往往比单一性的人才更具有竞争优势，这就要求高校注重大学生的全面发展，即应以学生的协调发展为目标，以学生成才为基本活动，注重学生健康人格塑造，通过健康人格养成来提高人的综合素质。所以在当今的高校教育中，教育者应当树立科学发展观，在思想上高度重视健康人格的塑造，通过多种教育方式的紧密结合，促进大学生的全面发展。

2. 树立可持续发展的理念，创造良好教育环境

人类的生存，发展依托于一定的环境，离开了环境，人类就没

有办法生存。人类在发展的过程中不仅对环境产生影响，同时还会受到环境的制约。校园的生态环境、文化环境构成了教育环境，教育环境是开展人格教育的重要资源。

3.树立人格完整教育理念，全方位加强心理健康教育

塑造良好的人格，健康的心理自然是必不可少的。人格塑造的过程，实质上就是对学生心理结构进行改造的过程，根据当前大学生的心理健康状况，应该有组织、有目的的通过一系列的心理建构方式帮助大学生塑造健全的人格，使其能够运用有关人格塑造方面的理论知识，正确认识心理现象，从而促进他们的人格完善。

二、大学生健康人格塑造的原则

人格的塑造并非一朝一夕就能完成，它不仅耗费的时间长，而且还涉及诸多方面，如国家、学校、家庭等。如果只强调某一方面而忽视其他方面，往往不能取得整体成效。因此，要确保人格塑造的顺利实现，就必须按照人格培养的相应原则来进行。可以说，明确原则是自觉进行塑造教育活动，实现人格塑造目标的重要保证，也是构建完整的人格塑造教育体系的重要一环。具体来说，其原则主要包括以下几个方面。

（一）整体优化原则

事物不是单独存在的，它总是与其他事物存在一定的联系。根据部分和整体的关系原理，整体的作用要远远大于部分之和。这就要求把大学生健康人格塑造教育作为一项系统的工程来看待。不论是确定人格塑造的哪一个环节，都必须从人格塑造的整体角度来考虑，即坚持人格塑造整体优化原则。把握这一原则不仅有助于制定出合理的人格塑造的目标和塑造方法，而且也有助于在实施过程中循序渐进，避免杂乱无章、顾此失彼的做法。

贯彻这一原则应该做到以下几个方面。

(1)培养大学生拥有调整自我情绪的能力、坚强的意志、优良的个性品质。

(2)帮助大学生构建积极的自我认识,明确自身的价值,能够对自我进行调节和控制。

(3)培养大学生诚实、正直的品格,促使大学生的个体人格和社会人格得到全面、和谐的发展。

(二)现实与理想原则

当代大学生健康人格的塑造必须根据大学生人格的实际情况来进行,不能自以为是。从健康人格模式的角度而言,一个心理健康的人应该是能够意识到自己的实际情况的。而那些不以实际情况为根基的人,都有着不平衡的人格。但是,如果仅仅从大学生人格的实际水准来设计人格培养目标,又会陷入在原地发展,不能向前的泥潭。因此,当代大学生健康人格的塑造必须贯彻现实与理想的原则,从实际出发,一方面要培养大学生与实际情况相适应的人格;另一方面又要用理想人格引导大学生,激发人格发展的潜能。只有这样,才能塑造大学生的健全人格。

(三)创造性原则

创造不仅推动着社会的发展,同样也推动着个人的发展。因此,在当代大学生健康人格塑造的过程中也应该遵循创造性原则。它是指在大学生现实人格的基础上,不断创新,促进大学生人格水平的超越和发展。在现实教育中,我们看到,大学教育的内容和机制等不同程度地影响着大学生创造性人格的发展,在多数情况下,这些教育的内容和机制是压制学生创造性发展的。因此,学校在塑造大学生健康人格的时候,必须贯彻创造性原则,为学生挖掘适宜的创造力提供条件。这不仅要求学校尊重学生的独创性,鼓励求新求异,而且还要求学校注重保护学生的想象力、自尊心、好奇心,努力营造赞扬、肯定的环境气氛。

(四)文化整合原则

人类创造文化,同样也受到了文化的影响。不同的社会文化对其成员的影响是不同的。这就使得不同区域的社会成员在行为方式上表现出很大的差别。同样,健康人格的塑造也会受到文化的影响。这就需要我们在塑造人格的过程中坚持文化整合原则,也就是在文化环境中,积极挖掘有利于健康人格形成的文化内涵,促使自我人格的不断完善。

(五)自我教育原则

人格的形成是多种因素综合作用的结果,其中包括一个很重要的因素就是自我教育。自我是人格形成的内在机制,学校教育的最终目的是使受教育者获得自我教育的自觉意识与能力。当今的大学生已明显具备一定的自我教育能力。对此,高校人格教育要充分发挥大学生的自我教育作用,调动他们的主体性和能动性,通过大学生自我意识的力量,实现人格培养的自我塑造功能。

贯彻这一原则主要是从两个方面着手,一是要引导他们增强人格信念,不断提高他们在人格培养方面的自觉性;二是要帮助他们处理好人格培养方面的一些问题,帮助他们实现人格的优化和整合,提高人格自主发展能力。

(六)实践性原则

社会实践是大学生人格塑造的重要途径。正确的世界观、人生观,融洽的人际关系,坚定的意志都是在实践中逐渐树立和完善的。所以,塑造大学生健康人格除了必要的理论指导之外,还应该在社会实践方面给予引导。通过教学实践、社会服务、勤工俭学、社会调查、创业活动等实践活动,促使大学生不断认识和理解人格,强化道德与心理的情感和意志,养成良好的行为方式和行为习惯。如果不注重实践性,人格塑造就会陷于空洞说教,就难免遭受学生的反感和抵触,其应有的效果根本不可能实现。

(七)全面渗透性原则

人格教育既然是一项复杂的工作,那就不可能通过某一种单一的方式来完成,它需要在教育的各个环节中进行长期的渗透,任何课程都不能单独实现人格教育的目标。为此,我们要坚持全面渗透的原则。我们应该从人格教育的角度重新考虑教育者、教育环境、课程和教学方法等等。教育者不单单传授书本上的知识,他更是受教育者模仿的对象,教育者人格水平的高低对受教育者多少会产生影响。因此,教师更应该不断提高自己的人格修养。在各门具体课程中,教师除了要教授他们本学科的专业知识之外,还应该从人格方面对其进行强化和引导。

第三节 大学生健康人格塑造的途径与方法

一、大学生人格塑造的途径

大学生人格塑造包括丰富复杂的内容,因而大学生人格塑造的途径必然也不会是单一的。大学生人格塑造的途径,应当结合大学生的实际情况来进行。对此,我们认为,大学生人格塑造的途径主要应该着手于以下几个方面。

(一)理想信念教育

高尚的人格需要有崇高远大的理想信念做支撑。理想和信念是一个人不断发展和向上的动力。理想是人们根据现实的情况对未来产生的憧憬。无论是对于个人还是对于社会,理想对于其发展都有着重要的意义。实现理想的过程必然是艰难的,它需要我们为之不断努力。当代中国,建设中国特色社会主义是我们共同的理想,实现民族的伟大复兴是我们的奋斗目标。要对大学生加强马克思主义、中国特色社会主义理论、社会主义核心价值观教育，贯彻落实科学发展观，开展党的基本理论、基本路线纲领、基本经验教育，使大学生树立崇高理想，坚定科学信念，正确认识社会发展规律，以高度的社会责任感，将祖国的命运和个人的前途结合起来，通过自己的努力，实现最终的理想。

（二）社会责任感教育

大学生要想实现自己的人生价值，实践自己的崇高人格就必须肩负社会责任感，它不仅是塑造人格的动力，也是社会发展的必要条件。一个人如果具有高度的社会责任感，他就能够把社会的发展作为己任，遵守社会规范，正确处理个人与社会的关系，拥有尊老爱幼、诚实善良等良好品质。

当代大学生肩负着民族复兴的伟大重任，因此，有必要加强对大学生的社会责任感教育。责任感的形成需要具备以下三个方面的基本条件。

第一，培养大学生社会责任感的心理基础是要培养其正确的自我意识。

第二，培养大学生社会责任感的思想基础是要培养其树立科学的人生观和价值观。

第三，培养大学生社会责任感的途径是要使他们努力参与到实践当中，身体力行。

大学生只有把自己对人生责任的认识转化成自觉意识，才能加强自我要求，树立正确的社会责任感。因此，要想培养大学生的社会责任感，就要不断增强其主人翁意识，坚持集体主义原则，弘扬爱国主义精神。教育大学生自觉把人民的利益放在首位，正确处理好个人与社会的关系，在实现民族复兴的伟大事业中实现自身的价值。

（三）社会公德教育

社会公德最基本的内涵是对社会公共秩序和公共规则的一

种尊重。要提高大学生的公德意识，既要使其掌握社会的道德规范，培养他们公德的实践能力。社会公道教育不仅是社会的要求，也是人格教育的要求。它要求对大学生进行以文明礼貌、助人为乐、爱护公物、保护环境、遵纪守法、诚实守信等为主要内容的社会公德教育，使大学生明确自己在社会生活中应该做什么、不应该做什么。

在当前，对大学生公德意识的培养主要集中在对大学生诚实意识的教育和培养。诚信是一种社会公德。一切合理的道德规范都以诚信为基础，没有诚信就没有道德本身。不论是对于国家还是对于个人而言，诚信都是生存之本。因此，当代大学生人格教育的必修内容自然有诚信教育。大学生要努力塑造自己的诚信形象，自觉做到“言必信，行必果”，从生活中的点滴做起，做诚信规范的力行者。

（四）民主法制教育

民主法制意识是大学生人格塑造过程中一项非常重要的内容。民主和法制对于社会主义的发展而言具有非常重要的意义。它们是构建社会主义和谐社会的重要保障。大学生是当今社会构建和发展的主体，因而他们的法制意识观念直接影响到和谐社会构建。因此，必须加强对大学生的民主法制教育。良好的民主法制意识可以帮助大学生树立正确的人生观，引导他们作出正确的行为。

（五）创新能力教育

不断发掘大学生的创造潜能，也可以帮助他们塑造健康的人格。对于当今的大学生来说，创新能力是必备的人格素质。创新能力的培养，离不开大胆的想象、勇敢的批判，离不开执着追求、知难而上的精神和品质。

当代大学生将是建设中国特色社会主义事业的主力军，肩负着实现民族伟大复兴的神圣使命。如果缺乏创新意识、创新能力，就难以完成时代所赋予的历史使命。对此，培养大学生的创新意识、创新能力就显得尤为重要，它不仅是高等教育面临的问题，也是大学生人格培养需要面临的问题。

要想培养大学生的创新能力，首先是要培养其实事求是、求真务实的科学精神。求真务实的精神对于当代大学生人格培养具有重要的指导意义。它可以帮助大学生认识事物的本质，在本质规律的基础上作出进一步的探索。

（六）自我意识教育

自我意识是指大学生个体对自身的认识以及对周围事物关系的各种体验，是认识、情感、意志的综合体。积极良好的自我意识是大学生积极向上的重要动力，能够帮助大学生正确地认识自我、反思自我，对自我进行良好的调节与控制，不断地自我完善，促进人格的健全发展。因此，在大学生人格教育过程中，应强化主体的积极良好的自我意识，使他们能正确地自我评价，充满自信地有效地调节自己的行为，塑造自己健全的人格。

大学生的自我意识教育具体可以从三个方面来进行：不断学习，努力提高自己的认识；创造愉快的心境，不断丰富自己的内心世界；加强自知、自爱和自强。

（七）团结协作意识

团结协作意识也是良好人格必备的素质，从某种意义上说，团结协作是履行社会责任、实现人生价值的途径与方式。因此，在大学生人格教育过程中，应该注意对其团体意识的培养，使他们能够在团体合作中尊重他人，虚心听取他人的意见，与他人形成互相协作的观念。对于当代大学生而言，强化团结协作意识不仅是个人修养的需要，也是个人发展、社会发展和实现自我人生价值的内在需要。

（八）心理健康教育

健康的心理是健全人格必备条件之一。在当今激烈的社会竞争中，良好的心理素质对于大学生人格的发展具有重要的意义。健康的心理素质不仅可以帮助大学生正确认识困难，而且还可以稳定他们的情绪，帮助他们与他人形成和谐的人际关系。对此，在大学生人格教育中，要根据大学生心理发展的特点，运用有关心理健康教育的科学方法和手段，促进大学生身心的健康发展。

二、大学生人格塑造的方法

大学生人格塑造的方法具有多样性。在这里，我们重点阐述以下几种方法。

(一)建设良好的环境

1.优化社会环境

人的生存与发展必然离不开社会环境。大学生的人格塑造亦是如此，优化大学生人格培育，不可忽视社会环境的影响。因此，必须积极优化社会环境。具体来说，主要从以下几个方面着手。

(1)大力推进经济建设，优化社会经济环境

人格的形成与社会的物质环境是存在密切联系的，从一定意义上看，一切人都是经济范畴的人格化。人类历史表明，经济结构对人的性格形成有着重大影响。通常而言，发达的经济促进人健康人格的形成；反之，则不然。我国当前处于社会主义的初级阶段，经济发展的水平还不是太高，这就导致了一系列社会问题的存在。要想解决这些问题，我们国家就必须大力发展经济，为大学生良好人格的形成奠定健康的物质环境。

(2)促进民主政治建设，优化社会政治环境

人格的发展除了受到经济的影响之外，还受到政治关系的强烈影响。当前社会上贪污腐败、以权谋私等腐败现象的存在，严

重违背了社会主义的核心价值观,不利于大学生良好人格的形成。因此,要加强社会主义民主政治建设,优化社会政治环境,扩大社会主义民主,健全社会主义法制,加大反腐倡廉的力度,净化社会环境,为塑造大学生良好人格创造有利的社会政治环境。

(3)大力推进文化建设,优化社会文化环境

大学生良好人格的塑造离不开良好的社会文化环境。因为一定的人格特征总是和一定的文化背景相联系。文化环境无形中影响着人格的形成。因此,要加强社会主义先进文化建设,为大学生良好人格的发展创造条件。具体来说,主要包括以下两个方面。

第一,要加强对媒体文化、网络信息的调控和监管,建构和完善网络道德规范,尽可能地减少不良信息对大学生人格塑造的消极影响。

第二,大力弘扬先进的思想和文化,宣传先进人物的事迹,倡导社会主义核心价值观,不断发挥优秀人物的模范带头作用。

2. 优化家庭环境

家长的生活观念、教育方式、人格类型对子女人格的形成与发展会产生重要的影响。在现实生活中,有不少家长注重子女智力的发展,却相对忽视其思想品德和心理健康教育。对此家长在教育子女的过程中要注意从三个方面进行转变:学习方式的转变、生活方式的转变以及社会责任意识的增强,使子女逐渐形成自己独立的人格。

3. 校园文化熏陶

校园文化是一所学校整体精神风貌的体现。校园文化对于提高大学生的综合素质、促进大学生人格健全发展,具有十分重要的意义。因此,要加强对校园文化的建设,具体如下。

(1)建构校园物质环境文化

优美的校园环境可以激发大学生积极向上的情感,对大学生

健康人格的塑造具有潜移默化的教育功能。校园的建筑设施、校园文化景观无不渗透着校园精神。在设计修建时,要能够将文化含义充分赋予到校园的建筑当中,如园林、教室、寝室等,通过一种隐性的方式来感染学生,促进大学生健康人格的塑造。

(2)建构校园精神文化环境

校园精神文化是整个校园内在文化的核心部分,是一所学校精神力量的凝结所在。良好的校园精神文化可以有效地推动大学生的人格构建。对此,高校应该大力提倡校园的精神文化建设,举办宣传校园精神的有关活动。当然,高校在开展活动的过程中,应该结合自身的实际情况,如办学理念、历史传统、专业特色等,这样才能引导大学生形成勤奋学习、遵纪守法、举止文明的优良学风。

(3)建构校园文化环境

校园文化活动主要是指以学生为主体的一系列文化文明行为活动,它是校园文化中表现最直接的内容,是塑造大学生健康人格的重要载体。因此,高校要根据大学生的特点,科学地设计形式多样的文化活动。如开展各种形式的社团活动、演讲活动、学术讲座、文体活动等,陶冶大学生情操、提高修养,培养创新能力、协作精神。

(二)转变教育理念与深化教育改革

教育不仅是传授知识那么简单,它还有一个更重要的功能就是育人。高校要把大学生良好人格培育作为人才培养的重要目标,树立全员育人、全过程育人的意识,并将这种意识渗入到大学生人格塑造的过程中。对此,高校要把握人格培育的规律,进一步加强和改进大学生的素质教育。

深化教育教学改革,就必须完善相应的管理机制。建立大学生良好人格培养的学校管理机制,是实现大学生人格塑造的体制保证。高校应建立健全各项制度,如奖惩制度、规范性制度、诚信档案制度、领导接待制度、反馈和监督机制等,让大学生良好人格的塑造能有章可循,以制度性规范为保障,塑造大学生健全人格,推动大学生全面发展。

(三)高度重视课堂教学主渠道

课堂教学是传授科学文化知识和专业技能的主渠道,也是加强大学生人格塑造的主渠道。因此,必须在课堂教学中高度重视对大学生进行良好人格培育,加强在课堂教学中人格塑造内容的渗透,如思想政治教育理论课、文化知识公共课等,通过具有针对性的良好人格教育,引导大学生不断提高自己的人格修养,帮助学生提高良好人格修养的理论认知水平。

1. 改革创新思想政治理论课教育教学,发挥主渠道作用

发挥思想政治理论课教育教学在人格培养中的主渠道作用主要体现在以下几个方面。

(1)更新教育内容

要以马克思主义、毛泽东思想、邓小平理论和“三个代表”重要思想为指导,贯彻落实科学发展观,不断提升大学生思想道德素质。要根据当前的实际情况,有针对性地设置相应的内容,并对课程内容不断更新和完善。只有这样,才能使科学理论真正进入学生的头脑,内化为大学生的人格品质。

(2)创新教育方式

要改变传统的对学生单一的教育方法,积极发挥学生的主观能动性,通过案例、讨论、社会实践等教学方式,加深学生对理论的认识。教师要善于使用现代化的教学方法,不断开展社会实践,让学生在实践中长知识增才干,明确人生的价值和社会责任,增强教育实效。在教育教学模式上,许多高校都进行了有益的探索,提出“互动式教学”“启发式教学”“研究型教学”和“实践性教学”等多种教学方式。

(3)改革创新考试方式,更新评价体系

对高校教育教学效果的评价一直以来都是一个非常重要的

课题，不能简单地认为“课堂纪律良好”或者是“学生上课率高”就是有良好的教学效果。要走出应试教育的误区，用知识、能力、信息、行为四个指标，全面考察当代大学生的成长。一方面，把理论知识和实践能力相结合来判断学生在日常生活中的思想政治表现；另一方面，注重大学生的自我评价，使其对自我要求逐渐转化成评价的动力，使评价活动成为大学生自我教育、自我调节的有效载体。

2. 充分发挥专业课的渗透作用，形成教育合力

培养大学生的良好人格，不只是某一课程教师的职责，更是全体教师的义务。因此，有必要提高全体教师对大学生人格培养的意识。教师可以通过课程设置和相应的培养方案，引导专业课教师在教育教学全过程中，不仅进行科学文化知识的传授，而且也要进行爱国主义、职业道德、科学理性精神的渗透和教育。各专业课教师要树立正确的教育思想，一方面要发挥自己为人师表的模范作用；另一方面要从理论和实践方面引导学生，帮助大学生正确处理人与自然、人与社会、人与人之间的关系。

此外，建设高素质的教师队伍、增强自我教育的能力、广泛开展社会实践、注重舆论的示范引导、提高个人的素质和审美情趣等都是大学生人格塑造的重要方法。对此，高校要根据具体的实际情况选择相应的方法。

第四节　大学生健康人格塑造评估体系的构建研究

要想对大学生人格塑造进行系统的分析，就必须对人格塑造的评估体系进行构建，目的是帮助大学生正确认识健康的人格，通过系统地塑造帮助大学生树立“诚实守信、勤劳好学、勇于创新、关爱他人、报效祖国”的行为取向，培养大学生形成良好的人格品质，促进大学生身心的全面发展。这一目标的实现，与大学

生人格塑造过程中的多个因素都有密切的关系。因此，建立大学生人格塑造的评估体系，就是要把相关的影响因素作为评估指标，采用恰当的评估方法进行科学评估的过程。

一、大学生人格塑造的评估因素

（一）大学生人格塑造环境的评估因素

大学生健全人格的发展离不开良好的环境，因此在对大学生人格塑造进行评估的时候应该把环境因素考虑在其中。所谓的环境因素评估，就是把环境因素作为影响大学生人格塑造的评估指标，通过相应的评估方法，科学分析大学生人格塑造的环境状态，从而积极寻找对策改善环境因素中不利的因素。

人类环境可以根据其形态分为两种，即自然环境和社会环境。自然环境主要是指包括大气、水、土壤、生物和各种矿物资源等在内的自然界。社会环境是指人类在自然环境的基础上，为了满足自身发展的需要，逐步创造和建立起来的包括城市、农村、街道、社区等在内的人工环境。其中，社会环境的发展水平是人类物质文明建设和精神文明建设的标志之一。

大学生人格塑造的环境是一个具有深广内容的系统范畴，它包括多方面的内容，如家庭环境、学校环境、社会环境等。这些内容形成大学生人格塑造的环境系统。其实，影响大学生成长的环境因素既可分为内部环境因素与外部环境因素，也可分为地理环境因素与人文环境因素。这些深广的领域和复杂的内容，是形成课堂教学、课外教育、社会实践、舆论导向、示范引领、制度建设等相互促进，学校教育、社会教育、家庭教育、自我教育等形成合力的大学生人格优化系统的环境影响因素。

（二）大学生人格塑造认知的评估因素

大学生健全人格不仅受到环境因素的影响，而且也会受到来自认知因素的影响，所以也应该将认知因素作为大学生健全人格的评估指标，通过科学认知的评估方法，分析大学生人格塑造的认知状态，从而积极寻找对策改善认知因素中不利的因素。

有学者认为，认知是指个体带有自己主观心理特点对社会和物质环境的最简单、最原初的理解，而不是一种理性反映。认知具有指向性、互动性、过程性的表现特征。深入探索和研究认知活动规律，有助于我们正确解释个体行为和群体行为产生的原因及其特点，从而为把握大学生人格塑造认知状态创造有利条件。

我们认为，不同的认知状态，对于大学生人格塑造的影响是不同的。在大学生的人格塑造中，主要是从“视野”“模仿”“暗示”“角色”“态度”以及“倾向”等心理活动因素来表现认知状态的，所以，在把握认知基本内涵与重要表征的基础上，应当把这些心理活动因素作为大学生人格塑造认知的主要内容。

二、大学生人格塑造的评估项目

大学生人格塑造的评估因素是多样的，因此，大学生人格塑造的评估项目也是丰富多样的。综合起来看，评估项目的内容主要包括以下几个方面。

(一)大学生人格塑造的家庭影响评估项目

人们都说，家庭是社会的细胞。人与家庭发生关系，同时也就与社会发生关系。尽管大学生在校就读期间，大部分的时间都是待在学校，很少有时间回家，但是也不能因此就说家庭对大学生的人格塑造没有影响。因为家庭总是以这样或那样的渠道影响着大学生人格的发展，所以，从家庭环境方面来分析研究大学生人格塑造的评估项目，依然是评估体系中非常重要的一部分内容。具体来说，主要体现为如下相关重要项目。

(1)父母的受教育程度。

(2)父母的工作状况。

(3)家庭经济收入与开支情况。

(4)父母的气质或性格类型。

(5)父母之间的关系状态。

(6)父母的身体状况。

(7)家庭居住的内部与外部环境。

(8)父母接触子女的时间状况。

(9)父母对教育子女的认知度。

(10)父母与子女的沟通方式。

(11)父母与子女的情感融洽状态。

(12)父母教育子女的主要途径。

(13)家庭中子女数量状况。

(14)父母及其他成员的道德水准。

(15)父母及其他成员的社会关系状况。

(16)家庭的其他相关情况。

(二)大学生人格塑造的学校影响评估项目

在接受高等教育的过程中,大学生大部分的时间都是在高校度过的。因此,大学教育教学对高校学生的人格塑造产生了重要的影响。当然,由于高校的教育教学包括非常复杂的内容,所以从学校环境方面来分析研究大学生人格塑造的评估项目,也必然是要从多个角度来考虑的,具体来说,主要体现为如下相关重要项目。

(1)学校对大学生人格塑造的领导重视程度。

(2)学校对大学生人格塑造的工作定位与思考。

(3)学校对大学生人格塑造的组织管理状态。

(4)学校对大学生人格塑造的制度建设状况。

(5)学校对大学生人格塑造的教师队伍建设状态。

(6)学校对大学生人格塑造的社团建设状况。

(7)学校对大学生人格塑造的设施建设状态。

(8)学校对大学生人格塑造的经费投入状况。

(9)学校对大学生人格塑造的课堂教学状态。

(10)学校对大学生人格塑造的课外教育与社会实践状况。

(11)学校的学风建设状态。

(12)学校的师德师风建设状况。

(13)学校对大学生人格塑造的科学研究。

(14)学校的校园文化治理与建设。

(15)学校的舆论引导状态。

(16)学校对大学生心理健康教育及服务状况。

(17)学校对经济困难大学生的援助状态。

(18)学校对大学生创业就业指导服务状况。

(19)学校对大学生人格塑造的其他相关工作状态。

(三)大学生人格塑造的社会影响评估项目

不论是学校还是家庭都置于社会当中,因此,大学生人格塑造始终离不开社会的影响。当然,由于社会是一个极为复杂的大系统,影响社会环境优劣的因素是多方面的,所以从社会环境方面来分析研究大学生人格塑造的评估项目,也必然会涉及诸多方面的内容。具体来说,主要体现为如下相关重要项目。

(1)社会对大学生人格塑造的关注程度。

(2)社会对大学生人格塑造的认知程度。

(3)社会传统习俗对大学生人格塑造的影响状态。

(4)社会物质生活水平对大学生人格塑造的影响状况。

(5)社会精神生活水平对大学生人格塑造的影响状态。

(6)社会经济运行方式对大学生人格塑造的影响状况。

(7)社会组织结构方式对大学生人格塑造的影响状态。

(8)社会开放程度对大学生人格塑造的影响状况。

(9)社会区域差别对大学生人格塑造的影响状态。

(10)社会价值体系对大学生人格塑造的影响状态。

(11)社会风气时尚对大学生人格塑造的影响状况。

(12)社会人文艺术对大学生人格塑造的影响状况。

(13)社会科技发展对大学生人格塑造的影响状况。

(14)社会舆论导向对大学生人格塑造的影响状态。

(15)社会人际交往对大学生人格塑造的影响状况。

(16)社会就业形势对大学生人格塑造的影响状态。

(17)社会援助方式对大学生人格塑造的影响状况。

(18)社会其他相关状况对大学生人格塑造的影响状态。

(四)大学生人格塑造的自我教育影响评估项目

大学生的人格塑造不仅受到来自家庭、学校、社会等外在因素的影响,而且还受到大学生自我教育的内在影响。由于影响自我教育的因素是多方面的,因而从自我教育方面来分析研究大学生人格塑造的评估项目,也不能是简单化的,其评估项目体系也就必然包含着许多重要内容。具体来说,主要体现为如下相关重要项目。

(1)大学生对自我人生观形成与发展的认知程度。

(2)大学生对自我道德品质修养的认知程度。

(3)大学生对自我学习能力的认知程度。

(4)大学生自我独立思考能力的体现状态。

(5)大学生自我生活自理自立能力的体现状态。

(6)大学生自我观察、辨别事物能力的体现状态。

(7)大学生自我设计、自我选择能力的体现状态。

(8)大学生自我处理人际关系协调能力的体现状态。

(9)大学生自我反省、自我反思能力的体现状态。

(10)大学生自我调节、自我控制能力的体现状态。

(11)大学生处理理想自我与现实自我关系的能力状态。

(12)大学生自我参与公益活动的积极程度。

(13)大学生自我兴趣爱好的广泛程度。

(14)大学生对自我心理活动情结的感受和领悟程度。

(15)大学生对自我身体素质的关注程度。

(16)大学生自我对社会不良风气的抵制程度。

(17)大学生自我对传统与现代文化的理解程度。

(18)大学生自我对社会责任感的认知程度。

(19)大学生自我创业和就业能力的体现状态。

第九章 大学生学习与人际交往中健康人格的培养研究

学习与人际交往是大学生在大学生活中最为重要的两部分，大学生人格的健全与否对其学习与人际交往有着极大的影响，因此，在大学生学习和人际交往过程中培养其健康人格是非常重要的。由于人格对大学生学习与人际交往的影响通常表现在大学生的学习心理健康与人际交往心理健康方面，本章将从心理健康的视角来分析大学生学习与人际交往中健康人格的培养。

第一节 大学生学习过程中健康人格的培养

学习是大学生的天职和主要任务，是大学生活的首要主题，而人格是影响大学生学习的重要因素，人格维度中的尽责性、外倾性、神经质、开放性等都对大学生的学习动机、学习效果有着或强或弱的影响。本节主要分析人格对大学生学习的影响、大学生常见的学习心理问题以及大学生学习过程中健康人格的塑造。

一、人格对大学生学习的影响

之所以要研究大学生在学习过程中如何塑造健康人格，是因为人格对大学生的学习有着极为重要的影响，这主要表现在以下两方面。

（一）人格影响大学生的学习动机

人格与动机是交织联系的，人格与动机的形成、维持有着密切的关系。所谓动机，在心理学上通常被认为涉及行为的发端、方向、强度和持续性，简单地说，就是个体做出选择的内部动力。

动机是影响学习的主要人格因素。以大学生为例，在学习动机的形成过程中，大学生的态度是非常重要的，态度具有一定的动机作用，如果学习态度与学习内容一致，大学生就会产生愉快的情绪体验，进而会产生强烈的动机作用，促使大学生愿意主动学习。所以，端正的学习动机是大学生获得学业成就的内部驱动力，而这一驱动力的维持则是受到大学生人格的影响的。一般来说，自我克制能力强、自我支配能力强、耐挫力强的大学生的学习动机更具持久性，而那些意志薄弱、常常被困难所压倒的大学生则经不起考验，学习动机坚持性差。可见，人格对大学生学习动机的影响是不容忽视的。

（二）人格影响大学生的学习效果

除学习动机之外，人格对大学生学习效果的影响也是非常明显的。一般来说，在学习时注意力比较集中的大学生在接受、理解知识方面要比注意力不集中的大学生好得多。而影响注意的则是人的兴趣、需要、信念、意志等，意志力和自制力好、学习责任感强的大学生在学习时多能集中自己的注意力，而缺乏责任感和自制力、意志力薄弱的学生往往在学习过程中难以集中精力。

此外，人格还对大学生理解、巩固知识有着直接影响。例如，大学生如果有着适度的自信、果敢、大胆，那么掌握知识就会更容易；一旦大学生过度自信、自命不凡，就会影响学习效果。此外，固执己见、情绪激动等人格因素也会影响学习效果。总之，没有任何一个学习过程是不受人格因素的影响的，也没有任何一个学习效果是脱离人格因素的影响而出现的。

二、大学生常见的学习心理问题

大学生常见的学习心理问题主要表现在学习动力不足、学习方法有问题、记忆力不强、注意力不集中、学习压力太大、害怕考试等方面。

（一）学习动力不足

当前，有不少大学生缺乏学习动力，认为学习没劲，也没劲学习，不愿上课，想到学习就头痛，硬着头皮上课，无精打采，不能积极思考；课后不学为妙，也无心写作业，无成就感、无抱负，无求知上进的愿望，为了一纸文凭不得不天天应付。他们常把主要精力放在打扑克、下棋等与学习无关的活动上，有的甚至干脆选择辍学回家。

（二）学习方法有问题

有的大学生由于不爱学习，也就没有努力地探索、寻找适合自己的学习方法，这让他们更加难以适应大学的学习，导致学习效果不佳，学习动力更差，造成了恶性循环。

（三）记忆力不强

记忆是大学生获得学业成就的基础和必要条件，但不少大学生会在学习中出现记忆力不强的情况，这主要表现在以下两个方面。

第一，遗忘的速度、范围、程度超过了正常人，发展到严重时表现为对经历过后的事物无法再认或回忆。

第二，记忆出现错误，或是在回忆时添加一些原来没有的、错误的细节，或是忘掉了一些细节而选择和保持一些较主要的特征，或是以想象的、没有真实根据的内容填补记忆缺陷，有的甚至出现几种情况综合出现的情况，等等。

(四)注意力不集中

有的大学生在学习时易受各种内外因素的干扰,上课不专心,注意力涣散、兴趣转移,不能集中精神思考问题,课后不肯下功夫复习巩固所学的知识。作业不认真、满足于一知半解,对学习基本采取的是"对付"的态度。

(五)学习压力太大

作为一个艰苦探索的过程,学习经常会伴随着错误和失败。尤其是大学的学习具有自主性、专业性、多样性、探索性等特点,大学生要想取得学习成就,与个人的努力、天赋是分不开的。这就给大学生带来了各种压力,不管大学生学习优秀与否,都会时常体验到学习带来的各种压力,导致他们在面对繁杂的学习内容时心乱如麻、茫然无绪、思维紊乱、不知所措,严重的可能会出现思维迟钝、忧虑、紧张、恐惧、坐立不安、慌乱、缺乏自信心、情绪抑郁、易怒、烦躁等情况。学习让他们感觉不到乐趣,他们也对学习失去了兴趣,不仅使得学习效率下降,有的甚至会出现退学、自杀等极端行为。

(六)害怕考试

考试是大学检验学生学习成果的一个重要标准。但不少大学生都害怕考试,其中不乏成绩优秀者,考试成绩于他们而言就是判断自己学习情况的唯一标准,他们害怕在考试中出现失误,所以在考试前几天常常知觉到:快要考试了,同学们都在认真复习,要抓紧时间啦!有些同学在考场中知觉到:这是一次关键的考试,考场气氛非常紧张,监考老师非常严格等。

受人格因素的制约,不同的大学生在害怕考试上的表现差异很大。一般来说,自尊心、好胜心或虚荣心等人格因素较强的人,容易出现较明显的生理、心理状态反应,如考前情绪紧张、烦躁、失眠、头痛、厌食等现象,在考试时会出现注意力不集中、手足出汗、发抖、心跳加速、大脑空白、思维受阻、心慌气短、头晕眼花、呼吸急促、频频上厕所等生理或心理反应，严重的甚至可能会晕倒。而甘居人后的学生可能会出现逃避行为，即用消极的行为方式摆脱考试中的烦恼，如考试时胡乱作答、不交卷子、早早离开考场、借故不参加考试，等等。而对考试成绩的好坏抱无所谓态度的人，其生理、心理状态反应自然就不明显。

三、大学生学习过程中健康人格的塑造

在学习中塑造大学生的健康人格，教师的人格魅力对大学生的熏陶是必不可少的。除了教师人格魅力的影响之外，高校还可以通过各学科的教学内容来培养大学生的健康人格，这里主要以文学、体育和艺术为例，来探讨如何通过学科来塑造大学生的健康人格。

（一）教师人格魅力熏陶

教师作为“传道授业解惑”之人，是学生心目中的偶像，是学生学习的楷模，对学生起着率先垂范的作用。大学学习虽然多是自主学习，但教师的人格魅力对大学生健康人格的塑造仍有着重要的影响作用。

教师的人格魅力是“指教师自身优良的情感及意志结构、合理的心理结构、稳定的道德意识和个体内在的行为倾向在教育教学活动中所产生的最大吸引力量”①。它不仅是教师素质的基础和灵魂，更是教师威信建立的根本基础。就影响力的性质而言，教师人格魅力对大学生健康人格的影响是一种以个人的品德行为、贡献等产生的榜样作用来促使大学生自愿模仿、学习的教育模式，对大学生人格的养成具有持久、广泛的潜在教育价值，这主要表现在三个方面。

---

① 李虹：《教师人格魅力对大学生的人格养成及塑造——以高校思政课教师为例》，《集美大学学报》2012 年第 3 期。

第一，在教学中，教师的理论、学识、人文魅力及其道德情操、意志情感等都会不自觉地表露出来，对大学生产生“润物细无声”的影响，会促使大学生形成内在体验和动机，进而产生模仿、从众行为，之后逐渐演变成大学生自己较为稳定的习惯。

第二，帮助大学生构建和谐的心理，养成豁达乐观的人生态度，这是高校教育的一个重要任务。而现代社会竞争压力无处不在，这使得大学生常常会出现各种心理问题，如自我封闭、依赖性强、从众心理突出、过于理想化，等等。此时，高校教师所释放出来的人格魅力不仅会引导大学生摄取理论之后的人文价值，更能以乐观开朗的情绪、积极豁达的人生态度以及和谐的性格等诱发、引导学生调整自己的心态，发现自己的力量，增强战胜困难的信心，丰富自己的心灵世界，提高自己的心理素质。

第三，当前，中西方文化的交流与碰撞让不少大学生迷失在个人本位主义的价值观念中。此时，高校教师高尚的境界和行为会引导、促进大学生形成正确的价值观，他们的言传身教能够提升大学生价值判断、行为选择的科学性，促使大学生主动追求真善美、摒弃假恶丑，形成社会主义所倡导的主导价值观。

鉴于此，高校要不断提高教师的人格魅力，增强教师的人格示范效应，这可以从以下几方面入手。

首先，高校教师要形成高度的文化自觉，认识、了解中国文化传统，不断强化自身道德自律精神，超越自我，塑造理想人格，从而引领大学生建立系统的价值观。

其次，高校教师要积极投身教育实践活动，积累丰富的情感体验，将不自觉的情感体验内化为有意识的心理感受，从而与他人情感产生共鸣，实现师生双向体验生命运动，帮助学生体验到自我存在的价值，不断丰富、提升其人格精神。

最后，高校要营造良好的外部环境，营造良好的人文关怀分为，满足教师自我认同、自我实现等成就需要，解决教师的事业发展以及归属感依托问题，确保教师能够更好地发挥自己的人格魅力，将其渗透在日常教学过程中，形成正向的合理系统，从而促进大学生健康人格的形成。

(二)古代文学潜移默化

当今社会,大学生的人格发展普遍存在一定程度的偏差,而学习文学,尤其是古代文学,有助于培养大学生的健康人格。

古今中外的思想家、心理学家等曾对人格的健康与病态之分做出了大量的探索,而中国古代的思想家、教育家、心理学家更是将人格的完善作为基本的价值追求。例如,儒家将"孝悌忠恕""仁义礼智"等看作理想人格的内在规定,强调"为己""成己""修己以安人""内圣外王""修身、齐家、治国、平天下",等等。而受社会不良习气的濡染,当代大学生或多或少地表现出缺乏社会责任感、远大理想、开拓进取、独立创新精神,信奉享乐主义、利己主义、拜金主义,安于现状,依赖他人,对社会现实与自我的认识不够客观,过度自我中心,对他人不够宽容、民主,自控能力差,情绪易变,等等。因此,通过对文学的学习培养大学生的健康人格,成为大学中文系的各学科,尤其是在中文系课程设置中占主导地位的古代文学的主要教学任务之一。虽然古代文学的教学内容带有一定的时代局限性和阶级局限性,但这些古代作家和作品对培养现代大学生的健康人格卓有成效,具体表现在以下几方面。

第一,学习古代文学能够帮助大学生形成对国家、社会的责任感。在中国古代,有很多伟大的文人都有强烈的社会责任感和历史使命感,如孔子说:"士志于道,而耻恶衣恶食者,未足与议。"孟子说:"夫天未欲平治天下也,如欲平治天下,当今之世,舍我其谁。"曹植想"戮力上国,流惠下民",李白欲"济苍生,安黎元",杜甫也以忧国忧民见称,范仲淹的"先天下之忧而忧,后天下之乐而乐"的人生态度更是流传后世。这些文人的理想与豪情能够振动当代大学生的心弦,促使大学生将古代文人"天下兴亡,匹夫有责""以天下为己任"的人文精神继承并发扬开来,为国家和社会做出贡献。

第二,学习古代文学能够帮助大学生养成自强不息、锐意进取的开拓精神和创新意识。《周易》曰："天行健，君子以自强不息。地势坤，君子以厚德载物。"强调君子要懂得顺应天道、承载包容。在这一思想的熏陶下，之后的古代知识分子多养成了努力向上、刚毅不屈的精神，如孔子"发愤忘食"、孟子"苦其心志，劳其筋骨，饿其体肤，空乏其身行，拂乱其所为，所以动心忍性，曾益其所不能"、屈原"路漫漫其修远兮，吾将上下而求索"、曹操"烈士暮年，壮心不已"、李白"长风破浪会有时，直挂云帆济沧海"、陆游"壮心未与年俱老，死去犹能作鬼雄"，等等。他们在日常生活和作品中所表现出的刚健有为、积极进取的精神对当代大学生有着深切的教育和启示作用。

第三，学习古代文学能够培养大学生独立自主、民主平等的人格意识。古代知识分子也推崇、传颂反对封建专制、追求人性解放的思想意识，如孔子认为"匹夫不可夺志"、陶渊明"不能为五斗米折腰"、李白更是直接说出"安能摧眉折腰事权贵，使我不得开心颜"之语，关汉卿更是自称为"蒸不烂，煮不熟，捶不扁，炒不爆，响当当一粒铜豌豆"，反对封建专制的作品更是不胜枚举。这些伟大作家身上及其作品中表现出来的独立自主、民主平等的人格意识对大学生健康人格的形成有着潜移默化的作用。

第四，学习古代文学能够促使大学生形成良好的社会适应能力和情绪控制能力。中国传统文化有一个中心思想，即贵"和"持"中"，崇尚和谐，做事不走极端；求大同而存小异，使人们相处得更为融洽。通过对古代文学的学习，感受贵"和"持"中"的思想，大学生能够更快建立起良好的情绪调控机制，完善自己的心理健康和人格，实现人与人、人与社会、人与自然的和谐平衡。

第五，学习古代文学，大学生能够培养良好的审美素养和审美感悟能力，而审美感悟能力正是健康人格所必备的素质。阅读、欣赏优秀的文学作品能够丰富人的审美素养，因为它"提供了读者似曾相识的、并能引起情感共鸣的情景、情调和情绪氛围"[①]，

① 纪德君：《古代文学学习与大学生健全人格的培养》，《广州大学学报（社会科学版）》2004 年第 4 期。

能够将大学生带入与日常单调乏味生活不同的审美世界，感受自由和谐的境界，从而提高大学生的艺术鉴赏水平和审美感悟能力。

总之，只要择善而从，选择古代文学中的精华部分为大学生所用，就一定能够培养大学生健康的人格。

(三)体育锻炼

体育对大学生健康人格的形成具有一定的促进作用，这已经成为一种共识。研究表明："大学生乐观人格水平在不同体育锻炼频率和时间上有显著性差异，在不同锻炼强度上不存在差异。……随着锻炼频率的增加，大学生乐观人格水平逐步升高；不同锻炼时间的各维度得分可以看出，随着锻炼时间的增长，大学生乐观人格水平逐步升高；不同体育锻炼强度各维度得分可以看出，中等强度较激烈持久的得分最高，轻微运动的得分最低，说明体育锻炼强度在中等强度时乐观人格水平最高。"[①]不仅如此，体育还能够锻炼大学生健康的体魄，发展大学生的智力，磨炼大学生的意志，培养大学生形成集体主义、爱国主义思想。

要通过体育来培养大学生的健康人格，首先要将技术教学项目内容与人格培养有机结合，如以田径课培养大学生吃苦耐劳、一往无前的意志品质，以体操课培养大学生果断勇敢、互帮互助的优良品德，以武术课培养大学生灵活敏锐、机智果敢的思维方式，以球类课培养大学生的集体主义思想和大局意识，等等。

其次，要针对不同的项目灵活选择教学方法，如体操项目的教学要循序渐进、由易到难，使大学生克服对难动作的恐惧心理，培养大学生的勇气和信心，等等。

最后，采用课内外一体化教学模式，成立体育健身咨询、辅导中心，使大学生在课外能随时咨询体育保健常识，选择自己喜欢的体育活动，激发学生参与体育活动的热情，形成终身体育的意

① 王扶耒：《大学生体育锻炼与身体自尊、乐观人格的相关研究》，郑州大学硕士论文，2015 年。

识和习惯，从而塑造大学生健康人格。

（四）艺术浸染

舞蹈、音乐等艺术课也是培养大学生健康人格的重要途径。以下对其进行简单分析。

1. 舞蹈与大学生健康人格的塑造

人们热爱舞蹈，主要是为舞蹈所表现出的美感折服，无论是姿态美、动作美还是服装美，其中蕴含的美的内涵都成为舞蹈教学的健全人格塑造因素。具体来说，舞蹈教学对大学生健康人格的塑造具有以下作用。

首先，舞蹈能够帮助大学生树立正确的审美观。在教学过程中，教师向大学生传授正确的美的概念，能够提高大学生对美的感受能力和审美鉴别能力，培养大学生的审美观和审美情趣，使他们明辨真假、善恶与美丑，从而在人生取向上放弃假恶丑、选择真善美。

其次，舞蹈能够不断提升大学生的审美人格并使之外显。舞蹈是以优美动人的艺术形象来陶冶人的性情，提高人的精神品格，在舞蹈中培养大学生的审美表现能力，就是将大学生的审美人格外化，使其拥有美丽潇洒、充满活力的外表和坚忍不拔的内心。

2. 音乐与大学生健康人格的塑造

将人格教育蕴含在音乐教学中也能够收到意想不到的效果。例如，教师可以在音乐课上教授革命题材的歌曲，在教授的过程中，将这些红色经典歌曲的背景与意义蕴含其中，让大学生通过自己的体会来实现与音乐的共鸣，从而提高自己的政治素质。

总之，以舞蹈与音乐代替专门的说教，更容易为大学生所接受，不仅提高了大学生的艺术素质，也提高了大学生的思想道德。

第二节 大学生人际交往过程中健康人格的培养

大学生处于青年期,精力充沛,思想活跃,人际交往的需求也非常强烈。良好的人际关系是大学生成长、成功的重要助力,而良好的人际关系则以健全人格为基础。本节对健全人格与大学生人际交往进行分析探讨。

一、人格对大学生人际交往的影响

人格是影响人际交往的重要因素,健康的人格更容易促使良好人际关系的形成,具有健康人格特质的大学生在心态、为人处世等方面更加积极、乐观,更能够愉快、和谐、融洽地与他人相处。

当前,世界上公认的具有信度和效度较高的人格测量工具是美国卡特尔教授编制的卡特尔 16 种人格特质因素问卷(16PF)。卡特尔 16 种人格特质因素问卷包括 16 种人格因素,详见表 9-1。

表 9-1 卡特尔 16 种人格因素维量

根源特质	低分特征	高分特征
乐群性(A)	缄默、孤独	乐群、外向
聪慧性(B)	迟钝、学识浅薄	智慧、富有才识
稳定性(C)	情绪激动	情绪稳定
恃强性(E)	谦虚、顺从	好强、固执
兴奋性(F)	严肃、谨慎	轻松、兴奋
有恒性(G)	权宜、敷衍	有恒、负责
勇敢性(H)	畏缩、退怯	冒险、敢为
敏感性(I)	理智、着重实际	敏感、感情用事
怀疑性(L)	信赖、随和	怀疑、刚愎
幻想性(M)	现实、合乎成规	幻想、狂放不羁

续表

根源特质	低分特征	高分特征
世故性(N)	坦白直率、天真	精明能干、世故
忧虑性(O)	安详沉着、有自信心	忧虑抑郁、烦恼多端
实验性(Q1)	保守、服膺传统	自主、批评激进
独立性(Q2)	依赖、随群附众	自主、当机立断
自律性(Q3)	矛盾冲突、不明大体	知己知彼、自律谨严
紧张性(Q4)	心气和平	紧张、困扰

据研究表明，“人格特质与人际交往困扰的总分及各因子存在不同程度相关性。”①具体来说，就是大学生的聪慧性、稳定性、恃强性、兴奋性、有恒性、勇敢性、自律性等与大学生人际交往成正相关，也就是说，这些人格特质越明显，大学生的人际交往越好；而怀疑性、忧虑性和紧张性等则与大学生人际交往成负相关，即这些人格特质越明显，大学生的人际交往越容易存在困扰。可见，人格对大学生人际交往状况有着很大的影响。

二、大学生常见的人际交往问题

大学生迈入大学校门之后，生理上虽然已基本发展成熟，但其心理还尚未成熟，自我成才欲望强烈，缺乏社会经验，适应能力较差。欲望与不能满足之间的矛盾，影响了大学生的人格，从而引发了人际关系的不和谐，催生了诸多悲剧。一般来说，大学生常见的人际交往问题主要表现在以下几方面。

(一)过分彰显自我

当代大学生大多数是独生子女，在家庭里备受宠爱，养成了以自我为中心的性格。进入大学之后，在与同学、老师、校友等人

① 武雪姣、李彬彬、刘灵芝、王晓一:《大学生人际交往与人格特质》《中国健康心理学杂志》2014 年第 2 期。

的交往中也过分彰显自我，将自己的兴趣与需要放在首位，不会站在对方的位置上进行客观思考，经常颐指气使、盛气凌人，片面追求自我需要的满足；在与人相处过程中，总是凭自身的主观经验或喜好观察、分析、解决问题，固执己见，唯我独尊，而且高兴时会海阔天空、手舞足蹈地讲个痛快，不高兴时会不分场合地乱发脾气，全然不考虑别人的情绪和别人的态度。尤其是一些家庭物质条件较好的学生，自我优越感很强，总认为别人不如自己，对别人的成功不屑一顾，缺乏自我批评。还有一些人常常与人发生利益、兴趣、需要等方面的冲突。而在冲突中又不肯让步，忽视别人的感受，期望甚至强迫别人满足自己；不允许别人批评自己，往往见好处就上，有困难就让，遇错误就推，等等。

实质上，人际交往是在相互尊重、互谅互让、以诚相见的基础上得以实现的，其主要目的是满足交往双方的需要。这种过分彰显自我的人际交往心理很容易让大学生在社交中自我膨胀，最终陷入社交不利的境地。

（二）过分自我贬低

还有一些大学生，尤其是家庭物质条件欠缺或有生理缺陷的大学生在人际交往中往往会过分贬低自己，难以与他人保持正常的交往。具体表现为防备心很重，不敢打开心扉，时时处处给自己安装上一副铠甲，或是表现得像一只浑身长满刺的"刺猬"，以刺来护卫自己容易受伤的脆弱的自卑"心"；不自信，认为自己这也不行，那也不行，不敢与人交往，很怕受到他人的拒绝和嘲笑，所以经常畏首畏尾，逃避集体活动；等等。这种在交往活动中对自身的认识与评价不准、过分自我贬低的心态严重影响了大学生的正常人际交往，还容易阻碍大学生身心的健康发展。

（三）交往观念不当

人际交往的目的是获"益"，而良好的人际关系则要保证交往双方都可以获"益"。不能实现这一点，就很难进行交往活动。但是，当前有些大学生的人际交往观念不正确，认为与他人交往就是为了自己能够获“益”，对方能不能获“益”是对方的事，与自己无关；有的认为要交朋友就应该将自己所有的秘密都告诉对方，毫无保留；有的认为与朋友的来往要始终保持一定距离，“君子之交淡如水”，所以彼此感情交流很少；有的则认为交朋友就要交知音，因而排斥那些和自己价值观不同的人；等等。这些交往观念都是不正确的，长此以往容易使大学生产生人际交往带有功利色彩、一味付出、独来独往等交往问题。

（四）缺乏交往技巧

有些大学生缺乏与人交往的技巧，导致人际交往不良，具体表现为虽有良好的沟通愿望但不得其法，不知如何与他人进行沟通，频频引发误会；也有很多大学生我行我素，从不与人沟通。而沟通不良就很容易引发人际冲突，往往是极小的事情如无意碰撞、蝇头小利或不经意的言语伤害，本来相互低个头、让个步就能妥善解决，但因为怕丢了面子而造成打架斗殴，甚至导致伤残、死亡。

（五）存在心理障碍

有些大学生在人际交往中存在心理障碍，主要表现在以下两方面。

第一，害怕交往。有些大学生害怕与人交往，怕自己在他人面前出洋相，被人耻笑，所以极力回避与他人接触，在不得不与人交往的时候会出现心跳加速、手足无措、紧张出汗、口齿不清、语言重复等情况，难以自制。

第二，不相信他人。有些大学生在人际交往中不相信他人，通常会假想、猜忌对方，听风就是雨，这严重影响了自身正常人际交往活动。

（六）嫉妒心、报复心强

有些大学生在人际交往中有着很强的嫉妒心，看到朋友拿到优异的成绩，不仅不为朋友高兴，反而不承认朋友的成绩甚至予以贬低。相反，自己取得了成绩就沾沾自喜，也害怕被别人赶上、超过，甚至会想方设法阻碍他人进步。这也对人际交往产生了严重的影响。

此外，有些大学生在人际交往中有着很强的报复心，尤其是那些心胸狭窄、脾气暴躁、文明水准较低的大学生，一旦自认为受了委屈、被羞辱甚至是人格情感被伤害时，就会产生反击心理，阻碍了良好人际关系的形成。

（七）过分害羞

有些大学生在人际交往过程中会出现过分害羞的情况，站在陌生人面前，总感到有种无形的压力，似乎自己正在被人审视，不敢迎接对方的目光，感到极难为情；与人交谈时，会出现面红耳赤、冒虚汗、心发慌等紧张反应，久而久之，就形成了交往心理障碍。

（八）恋旧情结严重

中学时代是单纯以学为主的时代，有些中学生一般都会把大学想象得很美好，认为大学就是“天堂”。然而，当他们进入大学校园之后，大学带给他们的新鲜感和神秘感逐渐消失，他们就会逐渐开始怀念中学时代的生活，这表现在人际交往上就是不与身边的同学交往，只追思中学时代的朋友。

三、大学生人际交往过程中健康人格的塑造

在人际交往过程中塑造大学生的健康人格，应从以下几方面入手。

（一）端正交往态度

交往态度决定了交往结果。大学生在人际交往过程中要端

正交往态度，矫正那些不正确的交往认知，要认识到只有真诚、热情、和蔼的态度才能在交往中赢得他人的好感，自大、强势、冷淡的态度只会让对方感觉到压力，所以大学生在交往过程中要做好四个方面，首先衣着整洁得体，言谈举止落落大方，给人良好的第一印象；其次，对待他人热情、诚恳；再次，在谈话中保持微笑；最后，给予对方适度的赞美或妥善的批评。

（二）提高人际交往能力

较高的人际交往能力是大学生健康人格的重要特征，因此，要提高大学生的人际交往能力，不仅高校要通过开设心理课等让大学生清楚认识到人际交往的重要性，还要让大学生学会宽容、真诚、尊重、互助等原则，并帮助大学生在交往中知己知彼，促使大学生的人格在人际交往的实践中不断发展、成熟起来。

（三）客观认知、评价自己

大学生要在人际交往中客观地认知、评价自己，相信自己，对自己有满意感，认同自己所做的事情，同时承认他人的存在价值，要切实做到悦纳自己、悦纳他人、悦纳社会。

同时，大学生在人际交往中还要以理智的态度办事，不随波逐流，不见风使舵，平等地看待与你交往的人，善于控制自己的情绪，在朋友面前懂得适可而止，尽量建立自己和谐的人格，不随意放纵自己。

总之，大学生要努力完善自己的人格特征，建立和谐的人际关系，努力成长成才，尽可能多地为国家和社会做出贡献。

参考文献

[1]杨眉.健康人格心理学——有效促进心理健康的9种模式.北京:首都经济贸易大学出版社,2016.

[2]徐学俊.人格心理学——理论·方法·案例.武汉:华中科技大学出版社,2015.

[3]彭美贵.现代化视角下大学生和谐人格建构研究.济南:山东人民出版社,2015.

[4]周航.大学生心理健康教育探索与实践.成都:西南财经大学出版社,2015.

[5]廖春红.九型人格.北京:中国华侨出版社,2015.

[6]王维.人格心理学.北京:人民卫生出版社,2013.

[7]李雪平.大学生的人格维度与心理健康研究.成都:四川人民出版社,2013.

[8]孙科炎,武义龙.人格心理学.北京:中国电力出版社,2012.

[9]傅永吉,等.青少年健康人格与养成.北京:北京理工大学出版社,2012.

[10]刘晓霞.传统美德与大学生人格修养.哈尔滨:黑龙江大学出版社,2012.

[11]叶奕乾.现代人格心理学.上海:上海教育出版社,2005.

[12]庞跃辉,等.大学生人格优化系统研究.北京:北京大学出版社,2011.

[13]王鹏,高峰强.人格评鉴的理论与实践.济南:山东人民出版社,2011.

[14]孙云晓. 教育的核心是培养健康人格. 南京:江苏教育出版社,2010.

[15]吴少怡. 大学生人格教育. 泰安:泰山出版社,2010.

[16]许燕. 人格心理学. 北京:北京师范大学出版社,2009.

[17]许思安,严标宾. 大学生人格发展与辅导. 广州:暨南大学出版社,2009.

[18]郑雪. 人格心理学. 广州:暨南大学出版社,2008.

[19]曾天德. 大学生健康人格塑造导论. 北京:中国社会科学出版社,2008.

[20]郑希付. 现代西方人格心理学史. 广州:广东教育出版社,2007.

[21]余潇枫,张彦. 人格之境——类伦理学引论. 杭州:浙江大学出版社,2006.

[22]张晔,秦华伟. 人格理论与塑造. 北京:国防工业出版社,2006.

[23]欧晓霞,曲振国. 大学生心理健康. 北京:清华大学出版社,2006.

[24]王海明. 伦理学原理. 北京:北京大学出版社,2005.

[25]陈少华. 人格与认知. 北京:社会科学文献出版社,2005.

[26]张青兰. 人格的现代转型与塑造. 广州:广东人民出版社,2005.

[27]郭良夫. 完美的人格. 北京:清华大学出版社,2003.

[28]黄学规. 人格与人生. 杭州:浙江大学出版社,2002.

[29]高玉祥. 健全人格及其塑造. 北京:北京师范大学出版社,2002.

[30]田建国. 大学生素质教育纵横谈. 济南:山东教育出版社,2001.

[31][美]伯格. 人格心理学(第八版). 北京:中国轻工业出版社,2014.

[32][美]兰迪·拉森,戴维·巴斯. 北京:人民邮电出版

社,2012.

[33][美]凯罗林·默夫,奥泽拉姆·阿杜克.人格心理学新进展.北京:北京师范大学出版社,2007.

[34][美]拉莫夫·林顿.人格的文化背景.桂林:广西师范大学出版社,2007.

[35]王梅杰.高校德育生活化视阈中的大学生现代人格塑造探究.苏州大学硕士论文,2014.

[36]陈东利.青年毛泽东的人格特质与当代大学生人格塑造.福建商业高等专科学校学报,2016(1).

[37]颜琪.大学人文教育与人格塑造:困境与出路.上海师范大学学报,2014(3).

[38]章凤红.大学生人格塑造的基本方法.贵州工业大学学报,2005(3).